维修差错导致的民用航空
事故案例分析汇编

主编 李学仁 杜军 王红雷

国防工业出版社

·北京·

内容简介

不论是民航还是军航,维修差错都是导致航空事故的原因之一。为最大限度地降低维修差错导致的事故,需要对事故原因进行调查、分析,总结经验教训。本书通过列举12个因维修差错导致的民用航空事故案例,叙述事故经过及事故原因,并在此基础上从人为因素的角度对维修差错做进一步分析,找出导致维修差错的根本原因,提出安全建议,为航空管理人员、机务维修人员,以及其他参与航空维修领域活动的人员提供有价值的借鉴,亦可作为航空院校进行维修领域人为因素培训方面的教材。

图书在版编目(CIP)数据

维修差错导致的民用航空事故案例分析汇编/李学仁,杜军,王红雷主编. —北京:国防工业出版社,2013.1
ISBN 978-7-118-08522-8

Ⅰ.①维… Ⅱ.①李…②杜…③王… Ⅲ.①民用飞机—维修—影响—飞行事故—案例—汇编—世界 Ⅳ.①V267②V328.2

中国版本图书馆 CIP 数据核字(2012)第 281437 号

※

*国防工业出版社*出版发行
(北京市海淀区紫竹院南路23号 邮政编码100048)
天利华印刷装订有限公司印刷
新华书店经售

*

开本 787×1092 1/16 印张 8¾ 字数 199 千字
2013年1月第1版第1次印刷 印数 1—3500 册 定价 26.00 元

(本书如有印装错误,我社负责调换)

国防书店:(010)88540777 发行邮购:(010)88540776
发行传真:(010)88540755 发行业务:(010)88540717

编委会名单

主编 李学仁　杜　军　王红雷

编译（按汉语拼音排序）

　　　黄海华　李健瑁　李　祥　涂翠燕
　　　王红雷　杨　琳　岳瑞军　张　晶

审校 王红雷

终审 杜　军

前　言

不论是军航还是民航，维修差错都是导致航空事故和事故征候的重要原因。除了威胁飞行安全外，对民用航空来说，维修差错还会造成航班延误、取消或改航，不仅给航空公司带来经济损失，而且还给旅客带来不便，也会造成直接或间接的经济损失。

为了预防因维修差错导致的事故和事故征候，减少维修差错带来的各种损失，我们需要最大限度地减少维修差错的发生，或者在维修差错发生后，最大限度地降低其后果的严重性。

从事故中总结、吸取经验教训，一直是各行各业藉以发展、进步的重要途径之一，对于航空维修业来说也不例外。通过对因维修差错导致的事故进行深层次的分析，我们可以了解维修差错产生的原因，从根源上采取有效措施加以控制。

鉴于此，本书精选了世界民用航空史上12个著名的因维修差错导致的事故，在叙述事故经过及分析事故原因的基础上，更从人为因素的角度对维修差错做了进一步分析，找出导致维修差错的根本原因，提出安全建议，为航空管理人员、机务维修人员，以及其他参与航空维修领域活动的人员提供有价值的借鉴。

本书中的12个案例是根据事故发生的时间，按照从前到后的顺序排列的，每个案例都分为事故叙述、事故调查、事故分析、维修差错分析，以及安全建议五个部分，内容来自于相关国家事故调查机构发布的事故调查报告，经编译人员翻译、整理而成。

本书主编李学仁：空军工程大学航空航天工程学院院长，教授，硕士导师，主要从事航空安全和检测技术研究；杜军：空军工程大学航空航天工程学院检测技术与状态监控教研室主任，副教授，硕士导师，主要从事飞行数据挖掘和分析工作；王红雷：中国民航科学技术研究院高级工程师，主要从事民用航空安全管理研究。

参加本书工作的人员还包括："阿拉斯加航空公司261号航班空难"、"英国航空公司BA5390航班事故"和"中西航空公司5481航班空难"由中国民航科学技术研究院（简称航科院）李健珺编译，"大西洋东南航空公司ASE529号航班空难"和"大陆快线航空公司2574号航班空难"由航科院杨琳编译，"阿罗哈航空公司243航班事故"和"越洋航空公司TSC236航班事故"由汕头航空公司岳瑞军编译，"美国航空公司191航班空难"和"中华航空公司CI611航班空难"由航科院王红雷编译，"太阳神航空公司HCY522航班空难"由航科院张晶编译，"亚当航空公司DHI574航班空难"由航科院李祥编译，"日本航空公司123航班空难"由浙江越秀外国语学院涂翠燕和北京工商大学嘉华学院黄海华编译。本书概述中的部分内容来自于澳大利亚运输安全局的一份航空研究、分析报告，由王红雷编写、编译。本书由王红雷审校，杜军终审。

许多事故调查报告篇幅都在上百页,为了将其浓缩成一万字左右的事故案例,编译者要在对整个报告内容总体把握的基础上,对相关内容做出取舍、编排和编译,为此,不仅要求编译者具有较高的英语阅读水平,还要有较高的文章编辑、组织能力。在此,我们向本书的编译人员和其他给予本书帮助和支持的人员表示由衷的感谢,由于他们的努力,这些世界著名的航空事故案例才得以与中国读者见面。

由于编译人员水平有限,书中难免有不足之处,敬请读者提出宝贵的批评、指正意见。

空军工程大学航空航天工程学院

目 录

概述 ······ 1

美国航空公司 191 航班空难 ······ 8

日本航空公司 123 航班空难 ······ 18

阿罗哈航空公司 243 航班事故 ······ 30

英国航空公司 BA5390 航班事故 ······ 40

大陆快线航空公司 2574 号航班空难 ······ 50

大西洋东南航空公司 ASE529 号航班空难 ······ 59

阿拉斯加航空公司 261 号航班空难 ······ 69

越洋航空公司 TSC236 航班事故 ······ 82

中华航空公司 CI611 航班空难 ······ 93

中西航空公司 5481 航班空难 ······ 102

太阳神航空公司 HCY522 航班空难 ······ 114

亚当航空公司 DHI574 航班空难 ······ 124

参考文献 ······ 134

概　述

1903年12月17日，美国莱特兄弟实现了人类历史上第一次动力飞行。伴随着航空器的诞生，与之密不可分的航空维修业应运而生，至今已有近110年的历史了。

航空维修是指对航空器或者其部件所进行的任何检测、修理、排故、定期检修、翻修和改装工作，其目的是使航空器持续满足型号设计和运行规章中提出的技术标准要求，保证安全运行。

维修费用是航空公司面临的最大成本之一，有人估算过，航空器每飞行1小时，要有12人工小时的维修工作发生。没有维修人员的付出，航空器及其部件将处于不可靠的水平，将会威胁运行安全和效率。

虽然维修对保持系统可靠性做出了至关重要的贡献，但是维修也是造成系统失效的一个主要原因。有证据表明，因维修导致的事故在航空事故中的比例越来越大。2003年《国际飞行》杂志报告称，"维修差错导致技术设备失效"成为航空公司事故和人员死亡的首要原因，超过了可控飞行撞地这一曾经是导致事故发生的最主要原因。

除了威胁飞行安全，维修差错还会造成航班延误、取消、改航，以及打乱运行计划，从而显著增加财务费用。举例来说，据波音公司2008年的统计，一架波音747-400飞机取消航班会给航空公司带来高达14万美元的损失，延误的平均损失为1.7万美元。甚至仅仅因为起落架上一个小小的销钉未拔，飞机不得不滑回登机门，就会造成很大的经济损失。

维修差错是指维修人员未按要求或最佳做法执行维修任务，是维修过程中的人为差错，是维修领域中的人为因素问题。

随着自动化系统越来越普及，人类对设备和系统实施直接手工控制的机会越来越少。但是航空维修工作却因其性质成为人类与技术设备之间直接接触的一个主要保留点，人类的能力与局限性会通过这个点对系统的安全性和可靠性产生重大影响。因此，为了提高航空安全性和可靠性，我们需要比以往更加了解人为因素在航空维修中的作用。

根据澳大利亚运输安全局的研究，通常，事故或事故征候由运行人员，比如飞行员或维修人员的个人行为触发，但是个人行为却与其他要素，包括组织、当地条件，以及风险控制密切相关。为了查清事故原因，从而预防其发生，我们有必要沿着链条向回查看系统中的所有要素，对事故的根本原因进行分析。

1. 个人行为

人为差错可用两种方法描述：物理描述和心理描述。

物理描述包括：

（1）遗忘，即未能执行某个必要的动作，比如未固定滑油口盖。

（2）犯错，即执行了本不应执行的动作，比如将线缆交叉连接。

（3）时间和精度，即在错误的时间、按错误的顺序，或未按必需的精度执行某个动作，比如使用错误设置的扭力扳手。

心理描述包括：

（1）认知差错，即未能发现本应发现的某个关键项目，比如一个破损的轮胎、金属结构上的裂纹，或者拖飞机时前方的障碍物。

（2）记忆误差，最常见的是遗忘，但忘记的不是过去的事，而是忘记执行本打算执行的某个动作，比如工作结束时忘记重新连上某个断开的系统，或者没有固定滑油口盖。

（3）疏忽，即在不当的时间或地点心不在焉地执行某个熟悉的技术动作，这通常发生在执行像检查气压、开关整流罩这样的例行工作时。比如用抹布擦拭滑油，结果抹布被吸入发动机造成外来物损伤，再比如维修人员下意识地在工作单上签字。

（4）错误假设，即对一个熟悉的情况产生错误的认识，并且未能发现其认识是错误的，通常发生在与其他同事一起工作时，错误地认为别人将要执行某一步工作。比如一名负责电气的机务人员可能认为其他同事已经断开了电源，因为平常都是这么做的。

（5）技术误解，即维修人员不具备必要的知识，或者不知道去何处了解所需信息，通常发生在执行不熟悉的任务时。

（6）违规，这种差错在维修领域广泛存在，比如许多人都曾在工作未完成时在工作单上先签字，或者未使用正确的工具或设备完成任务。

违规还分为日常违规和特殊情况违规。前者是每天都发生的违规行为，几乎成为正常工作方式的一部分，比如在机场里驾车超速行驶。管理层通常知道日常发生的违规行为，但是一般都能容忍，因为觉得能提高工作效率。特殊情况违规不像前者那么常见，通常是对异常情况做出的反应，目的多是为了让工作能继续下去。特殊情况违规最常见的原因是管理上的压力，比如因飞机要尽快投入运营带来的时间压力。

维修人员违规是航空业面临的最难解决的人为因素问题，维修人员在执行任务时经常面对着双重标准。一方面，他们希望遵守繁多的要求和程序，但另一方面，公司希望他们快速、高效地完成任务。

2. 当地条件

导致维修差错的个人行为常常反映出工作场所当时的条件，准确识别差错性质与当地条件之间的关系，可以对当地条件加以改进，这是系统改进的重要一步。频繁导致差错发生的当地条件包括：

（1）时间压力。航空器延误会给运营人带来巨大的经济损失，所以大量维修工作的实施都是有时间限制的。虽然时间压力在航空器运营中是不可避免的，但是维修人员常常觉得很难应对航班计划和维修计划带来的压力。

时间压力可能导致记忆误差和违规之类的差错发生，比如机务人员为了保证航班正常起飞赶时间，不完全按程序要求执行，而是跳过几步程序。本书中越洋航空公司TSC236航班事故就是一个典型的例子。当时，距离维修任务的计划完成时间还有不到半天时间，为了不影响执行航班任务，按时完成发动机更换工作，机务人员被迫决定在新换的发动机上使用了不匹配的液压泵和燃油管。结果造成管路之间空隙过小，相互接触、摩擦，导致燃油管破裂漏油，飞机飞行中所有发动机熄火。幸好机长采取滑翔飞行技术成功着陆，才避免了一场灾难性事故。

（2）维修程序和文件。航空器维修非常倚重书面程序。根据FAA的调查数据，航空维修人员花在维修文件上的时间占其工作时间的 25%~40%。质量差的维修程序一般会导致维修人员发生记忆误差、技术误解和违规等差错。

说到维修手册、结构修理手册,以及其他文件,例如最低设备清单,其主要问题并不只是内容不准确或存在技术错误。对美国维修技术人员的调查发现,这些文件还存在其他许多问题,比如:手册中的程序描述过于简单,程序执行起来困难。许多人都要找其他同事讨论、咨询,或者干脆摸索一套自己的方法。程序缺乏可操作性是导致违规最常见的原因。在欧洲的航空公司里,导致违规的首要原因是维修人员自己的程序比正规程序简单、快捷,或者程序描述模糊不清。

想要填补维修文件技术编写人员与执行程序的维修人员之间的鸿沟,方法是有的。比如在编写程序时,将任务实际执行一遍,把每一步记录下来,就是一个具有可操作性的程序。这个做法可能是组织层面上最有用的人为因素干预方法。

(3) 合作。极少有维修人员能单枪匹马完成一项工作,因为为了确保顺利完成任务,他们必须与其他人员协调。协调问题,例如误解、无效沟通,以及错误假设在维修事故和事故征候中屡见不鲜。美联航的一项调查显示,工程维修主管们认为,沟通和人际交往技巧问题对工作有效性来说是最重要的。

无效沟通有时是因为环境太嘈杂,但也可能因为其他沟通障碍,比如表述不清,或者缺少聆听技巧。还有相当大一部分沟通不是通过语言表达,而是通过身体语言或者语调完成的。但是在某些情况下,特别是有时间压力或心理压力的情况下,我们所看到的或听到的只是我们希望看到或听到的,而不是实际发生的。

(4) 交接班。许多维修任务,尤其是大修任务不可能在一班内完成,维修人员经常会从上一班同事手里接收工作,再将本班未完成的工作交给下一班。这就需要信息在班组之间准确、有效的传递,况且有许多时候交接班不是面对面进行的,确保信息准备、有效传递是维修工作的一个重要方面。

交接班中产生的差错可能导致非常严重的后果,就像本书中介绍的发生于 1991 年 9 月 11 日的大陆快线航空公司 2574 号航班空难一样,造成机上 14 人全部死亡。事故前晚,维修人员在对这架 EMB120 飞机执行维修任务时需要拆除左侧水平安定面前缘上部的固定螺钉。然而换班时工作还未完成,书面交接班记录中也没有说明螺钉尚未重新安装上。下一班维修人员在不知情的情况下签字放行了飞机,导致左水平安定面前缘在空中与机身脱离。

对于交接班,人们关注的重点通常集中在上一班向下一班的信息传递上,但是实际上,交接班还是一个审视工作进展情况,发现和纠正差错的好时机。

与班组长之间交接相比,由实际参与工作的人员面对面交接可以避免遗漏信息。面对面交接班在诸如核电站、海上石油开采、空中交通管制等许多高危行业中是标准操作程序。

(5) 疲劳。疲劳可能表现为因长时间集中精力执行任务而导致的身体疲倦,情绪耗尽,技能下降,长期缺少充足的睡眠还会导致慢性疲劳。睡眠产生于两个原因,一是睡眠缺失,二是 24 小时昼夜节律对人类行为表现的影响。人类的行为表现有许多方面在凌晨的时候是处于低谷的,记忆力和反应时间在 4 点左右是最差的,这时差错也最容易出现。也就是说,夜班比白班产生维修差错的风险要大。

研究发现,维修人员困倦时,容易产生意图类的如记忆误差这样的差错,不太容易产生思考类的如程序误解这样的差错。

(6) 缺乏系统知识。澳大利亚的一项研究表明,因维修人员缺少培训或系统知识导致的不安全事件占总数的12%。虽然培训多半针对未取得或新取得执照的人员,但一些持照的、经验丰富的维修人员也会因缺乏知识、技能或经验而产生差错。

(7) 设备缺陷。地面设备问题,例如缺少专用工具或工作台,常常出现在维修差错致因中。例如本书中介绍的发生于1990年6月10日的BA5390航班事故。负责安装风挡玻璃的维修人员在执行任务时使用了不适当的工作台架,而且无法得到适合的扭力扳手安装风挡螺栓。有些时候,设备问题还会对维修人员自身的安全造成威胁。

(8) 设计缺少可维修性。虽然维修人员很少有机会对他们所维修的系统在设计上产生影响,但是设计问题确实是导致维修差错的一个主要因素。这些设计问题包括:

① 难以够到的部件,尤其是为了够到某个部件必须断开其他不相干的部件;
② 障碍物遮挡视线;
③ 程序执行起来需要很高的精度,或者需要施加难以达到的力度;
④ 紧挨着的几个系统难以相互区分;
⑤ 几行看上去差不多的控制元件,增加了相互混淆的概率;
⑥ 系统有多个模式,但是没有明确是何种模式;
⑦ 仪表提供误导信息;
⑧ 管路连接或电气连接可以被交叉连接,或容易连接到错误的系统上;
⑨ 部件可以被反向安装。

美国国防部认为,在可维护性方面有以下几个关键问题:

① 力量限制:维修人员在体力上能否实现对目标的搬运、举起、保持住、拧紧、推动或拉动?
② 目标接近难度:接近工作区的难易程度如何?
③ 目视观察:工作区能否被直接观察到,还是得凭感觉或借助镜子之类的工具?

本书中的美国航空公司191航班空难就是由于设计问题,造成更换发动机吊架前、后隔框球形轴承的工作执行困难,导致发动机吊架结构在维修过程中损伤,飞机起飞时发动机脱落,飞机坠毁,机上271人全部遇难。

3. 风险控制

在维修领域中,对维修差错一般有两类风险控制方法:预防性控制和恢复性控制。

(1) 预防性风险控制是为了减少人为差错发生的机会,举例来说,比如在部件设计时就考虑到防止不正确安装,或者在装配销钉上加荧光条,减少忘记拔销钉的机会。另外,像加强培训、人员资格审定也属于预防性风险控制。

(2) 恢复性风险控制是为了发现已经开始发展的危险情况并将其纠正过来。比如通过功能性检查和重复检查来发现维修差错,就是一种程序上的恢复性风险控制。

有些方法不一定很正式,但是能发现差错。比如,对口头指令的复诵,通过重复口头指令可以减少沟通差错。

有一些风险控制方法是为了最大限度降低差错的后果。例如专门用于双发延程运行(ETOPS)的维修注意事项就是这样的方法。当航空器按照ETOPS程序维护时,对关键系统的多个元件要尽可能不采用相同的维护措施。像 B-737、B-767 的发动机、燃油系统、灭火系统，以及电源都是 ETOPS 关键系统，尽可能不采用相同的维护措施是为了避免同样的维修差错在多个系统出现，对多个冗余系统产生影响。

4. 组织

虽然维修差错一般是个人导致的，但是调查显示，其中存在组织层面的原因，诸如：人员培训和资格审定，资源配置，组织文化和价值观。举例来说，一个违规行为，比如使用不正确的工具，可能是因为没有正确的工具，它反映的是设备购置方面的政策或者财务问题。最常见的违规原因是时间压力，它实际上反映的是组织层面在计划、人员配备，或者工作安排等方面存在问题。

承认组织对维修差错的产生具有一定的影响，并不等于免除了维修人员的责任，或者将维修人员的错误一味归咎于管理层。然而，虽然维修差错通常由个人导致，但是要解决问题还是需要从系统层面采取方法。

从组织层面应对维修差错包含两部分内容。第一，通过发现并消除差错滋生的条件，最大程度降低维修差错发生的可能性。应对措施通常包括：疲劳管理，人为因素培训，提供适当的工具和设备，以及其他从人为因素角度直接与维修差错相关的措施。第二，必须认识到维修差错只可能减少，不可能消除。组织应当学会像应对自然灾害那样管理维修差错。面对维修差错，组织一方面通过适当的风险控制措施发现并纠正差错，另一方面最大限度地减小尚未被发现的差错可能造成的后果。

了解了个人行为、当地条件、风险控制，以及组织与维修差错的关系，我们需要对维修差错进行风险管理。

（1）差错管理系统。目前，航空公司越来越重视差错管理，已成为组织内部安全管理体系（SMS）不可分割的一部分。但是，维修部门面对的一个重要问题是如何鼓励个人报告那些尚不为管理层所知的维修差错。虽然维修工作也要做大量记录，但是管理层对维修人员的情况肯定不如对飞行员和管制员那么了解。因为飞行员的情况可以通过快速存取记录器、驾驶舱话音记录器和飞行数据记录器加以检查，管制员的情况也受到密切监督，而且一旦出现差错会立刻显现出来。相比之下，如果一名于凌晨在偏远地区机库里执行维修任务的维修人员遇到程序上的问题，那么这个问题在组织层面上可能永远不为人知，除非他主动报告。所以，一旦发生维修差错，等它被暴露出来，可能要好几年的时间，而到那个时候，要确定它是怎么发生的就很困难了。

对于组织来说，要发现维修领域在组织层面的问题，除了通过差错报告以外，基本上没有什么别的渠道，但是从全世界的情况来看，基本上都不鼓励维修差错公开报告。这是因为组织对维修差错采取的措施多半是处罚性的。在有些公司，对于像是忘记固定好滑油加油口盖这类常见差错，处罚措施可能动辄就是扣发几天的工资，甚至弄不好被立即炒鱿鱼。所以，许多维修差错被隐瞒下来一点儿也不奇怪。

虽然与航空安全相关的每个人都必须对自己的行为负责，但是对差错采取处罚性的措施一定是适得其反。为此，有些航空企业为了鼓励报告，提出了"不惩罚"文化，但这意味着人们不用对自己的行为负责。近些年来，一种"公正文化"的概念流行起来，在这种文化下，只有个别极端违规行为才会受到惩处，其余都不会。

（2）维修差错报告。差错报告系统正在向着确保维修人员毫无顾虑地报告其所犯错误的方向推进。欧洲航空安全局的规章145部要求,维修单位要建立一套内部不安全事件报告机制,确保不安全事件能够被报告并得到分析。在欧洲航空安全局发布该规定之前,2001年,英国民航局发布的第71号适航公告概述了维修差错管理的最佳做法,其中包括公司承诺、明确的处罚政策,以及事件调查程序。加拿大运输部也颁布了规章,要求航空公司建立SMS,其中包括差错和其他问题报告,以及对这类事件的内部调查和分析。美国联邦航空局鼓励航空公司和维修单位引入航空安全行动计划(ASAP),该计划侧重于对报告的安全问题采取纠正措施,而不是处罚。按照这个计划,上报的问题由事件审查委员会负责审查,委员会由联邦航空局人员、管理层和工会代表组成,目的是确保公正。

(3)人为因素培训。人为因素培训从20世纪70年代便开始了,但主要是针对飞行机组的。到20世纪90年代,美国兴起了第一波维修人为因素培训——维修资源管理(MRM)热潮。它以机组资源管理为蓝本,内容包括建立自信、管理各种压力、决策、沟通技巧、冲突解决方法等,除了从态度上帮助维修人员转变外,还为他们提供在工作场所实际可用的技巧。

在国际民航组织、欧洲航空安全局和加拿大运输部提出维修人员掌握人为因素知识的要求后,全世界掀起了第二波维修人为因素培训热潮。欧洲航空安全局第66部列出了人为因素各项原则,推荐的课程包括:合作、在时间压力下工作、沟通,以及人为差错的管理等。欧洲航空安全局第145部要求,维修单位的人为因素培训不仅针对维修人员,还要针对经理、主管、质量控制人员、航材库管理人员等,持续培训每两年一次。145部指南材料中还列出了60多个人为因素主题,包括:违规、记忆的局限性、工作压力管理、合作、自信,以及处罚政策。澳大利亚民航安全局新出台的145部对维修单位及个人也有类似的要求。

(4)从事件中吸取经验教训。通常,意外情况表面现象的背后都有深层次的根本原因,因此只处理表面现象很难解决实质问题,而且可能会使情况恶化。例如,对于一个日常维护中经常忽略的程序,如果该程序根本没必要存在或者有缺陷,那么硬要遵照执行反而可能弊大于利。所以说,要想持续改进,就需要从深层次入手,查找根本原因并加以解决。

为了找到组织层面的根本原因,对一个因维修差错导致的意外事件,我们应当多问几个"为什么?"比如:为什么会出现这样的行为?为什么风险控制失效?为什么会存在这样的影响因素?这样一路问下去,会找到组织层面的根本原因,对提高安全和质量具有强大的和广泛的影响。

(5)不安全事件调查系统。近年来,针对航空维修领域的调查技术取得了长足进展。最早的技术像波音公司的维修差错判断辅助工具(MEDA)列出了许多差错描述,例如"检修口未关闭",并引导调查人员确定影响因素。影响因素有70多个,包括疲劳、知识不足、时间压力等,但是没有差错的心理描述。

欧洲开发了航空器签派和维修安全系统(ADAMS),其中也包括大量维修差错类型,且还有大量心理描述,影响因素将近100个。

美国空军在Reason模型的基础上开发了人为因素分析和分类系统(HFACS),美国海军将HFACS运用到维修领域,成为HFACS-ME,用于维修领域事故征候分析。HFACS-ME共有25种导致维修差错的潜在条件,并强调监管因素。

上述系统化、结构性的调查系统具有两大优势。其一,这种系统就像检查单,通过提示,帮助调查人员查找被掩盖住的问题,从而提高调查有效性。其二,长期使用后,系统中会积累大量的事故征候数据,不仅便于趋势分析,还可能发现某些不相关的数据之间的联系。

综上所述,航空业离不开维修人员的贡献,然而维修差错对航空安全来说是一个重要且持续的威胁。过去,维修差错只会招来处罚,现在,全世界都认识到维修差错反映的是人、工作场所和组织因素之间的相互作用。虽然维修人员依然必须对其行为负责,但是维修差错的管理需要从组织层面采取应对措施。

美国航空公司 191 航班空难

1979年5月25日15点04分,一架美国航空公司的DC-10-10飞机执行191航班任务,在伊利诺伊州芝加哥奥黑尔机场起飞后不久坠毁,机上271人全部遇难,另有地面2人遇难,2人受伤。

1. 事故叙述

1979年5月25日,美国航空公司一架登记号为N110AA的DC-10-10飞机执行191航班任务。191航班是一个常规定期旅客航班,始发地是伊利诺伊州芝加哥奥黑尔国际机场,目的地是加利福尼亚州的洛杉矶。机上共258名旅客和13名机组成员。美国中央夏令时间14点59分,飞机滑离登机门。机务维修人员监控了发动机的启动过程、飞机推出过程,直至飞机开始滑行。整个过程均未发现任何异常情况。

奥黑尔机场当时的气象条件很好,天空晴朗,地面风向020°,风速22kn。191航班得到机场空管塔台许可,从32右(32R)跑道起飞。公司的起飞数据卡显示,当时飞机水平安定面配平设定为5°,机头向上,起飞襟翼设定为10°,起飞总重量为379000磅(1磅=0.45千克)。低压压缩机目标转速(N_1)设定为99.4%,关键发动机失效速度(V_1)为139KIAS(节指示空速),滑跑速度(V_R)为145 KIAS,起飞安全速度(V_2)为153 KIAS。

机场塔台发出许可,要求191航班滑行至32R跑道的等待位置等候起飞。15点02分38秒,191航班接到起飞许可。15点02分46秒,机长对许可进行确认:"美国航空公司191航班准备起飞。"

191航班起飞滑跑阶段一切正常,但是突然间,悲剧发生了。飞机的左侧发动机(或者称为1号发动机)及吊架结构从机身上脱落下来。目击者称,他们看到飞机在起飞滑跑过程中有一股白色的烟雾从1号发动机的吊架处冒出,紧接着1号发动机及吊架突然从机身上脱落,并向上飞起,越过机翼后砸在跑道上。随后,飞机拉出一条由泄漏的燃油和液压油形成的雾化尾迹。飞机离地后继续沿32R跑道方向飞行并开始爬升,爬升过程中机翼保持平衡状态,直到飞出6000英尺(1英尺≈0.30米),离地高度300英尺。之后不久,飞机开始向左滚转,机头下俯,机身开始下沉。在飞机下沉的过程中,机翼继续向左侧滚转,最后超过了垂直位。

191航班坠毁在一片开阔地上,这里有一个拖车停车场,位于32R跑道起飞端西北方向4600英尺处。由于在撞击中爆炸、起火,飞机完全损毁。机上258名旅客、13名机组人员,共计271人全部遇难。事故还造成地面2人遇难,另有2人二度烧伤和三度烧伤。此外,事故还损毁了一个老机库、几辆机动车,以及一个活动房车。

该架飞机于15点04分坠毁,当时是白天,坠机地点位于北纬42°0′35″,西经87°55′45″。

这架登记号为N110AA的DC-10-10飞机由美国航空公司所有并运营,发动机型号为通用电器(GE)公司CF6-6D。根据制造厂的数据,左发重11512磅,吊架重1865

磅,整个发动机—吊架组件重量总计为13477磅。由于失去发动机、吊架机构,飞机重心向后移动了两个百分点,大约为22%MAC(平均空气动力弦长)。后移的重心仍然位于前重心(16.4%MAC)和后重心(30.8%MAC)限制范围之内。侧向重心右移了11.9英寸(1英寸=2.54厘米)。

2. 事故调查

191航班事故调查工作由美国运输安全委员会(NTSB)负责。

1) 现场调查

191航班是以左机翼和机头均朝下的姿态撞击地面的。左机翼翼尖最先触地,飞机爆炸并解体。飞机碎片散落在一片开阔地和一个拖车停车场上。由于飞机结构碎裂得太厉害,因此除了在32R跑道右侧找到的1号发动机吊架外,残骸现场几乎找不到什么有用的线索。

1号发动机及吊架在跑道上触地的痕迹最早出现在距32R跑道东南端大约6953英尺、距跑道中心线大约19英尺的地方。发动机及吊架结构的其他部分均位于这一区域。

该吊架原本是通过位于三个不同结构件上的多个球形接头与机翼连接在一起的。第一个连接点有两个球形接头,它们位于与机翼前梁前端的机翼结构相连的吊架前隔框上,这两个接头是上、下对齐的。第二个连接点也有两个球形接头,其中一个位于吊架前隔框的背面,另一个球形接头将推力连杆与机翼下表面相连。第三个连接点是一个位于吊架后隔框上的球形接头,它通过与安装在机翼下部的一个U形接头相连,从而将吊架与机翼连在一起。吊架后隔框安装边的一部分尚连在从机翼脱落下来的1号发动机吊架上。

调查人员在残骸中找到了吊架后隔框上部的三分之二部分,这部分从围绕其周边的安装边上脱离下来。后隔框顶部的两个接耳脱落,其后侧靠近机翼下缘U形接头的部位有严重割痕。机翼U形接头还连接在机翼上,吊架后隔框球形轴承仍与U形接头连接着,脱落下来的那两个后隔框接耳也在球形轴承的顶部找到了。

2号和3号发动机均位于飞机主残骸上。从发动机损坏的情况可以看出,撞击地面时,这两台发动机均处于高速运转状态。这三台发动机之后都被送往美国航空公司位于俄克拉荷马州塔尔萨(Tulsa)的维修基地,拆开后进行仔细检查。经查没有发现这三台发动机在事故发生前存在故障。

此外,调查人员还确认了在撞击地面时飞机的其他一些情况:起落架处于放下并锁定位置;安定面所处位置为机头向上5.71°;液压系统无任何内部运行问题,2-1不可逆马达泵处于开位,表明1号液压系统泵由2号液压系统驱动;所有8个襟翼作动筒都恢复原位,后缘襟翼位置经与其他同型号飞机比较后确定为伸出10°;一块长3英寸、刚好位于吊架前端与机翼连接点前部的左机翼前缘部分在发动机—吊架组件与飞机脱离时被撕掉;左机翼外侧缝翼驱动作动器的1号和3号液压系统的伸出和收回液压管路以及反馈电缆被切断;左机翼外侧缝翼收起,而内侧缝翼及右机翼内侧和外侧缝翼均伸出,位于起飞位。

另外,对驾驶舱仪表的检查没有发现任何对事故调查有用的信息。

2) 测试和分析

(1) 金相分析。N110AA机的吊架后隔框被送往NTSB的金相实验室做进一步检查。检查发现,前、上安装边存在一处断裂。其中较大的那部分正好位于安装边与隔框前壁之间径向方向上,长度10英寸,方向从内到外。断裂特征呈现出典型的过载断裂迹象。从断口上的人字纹和撕裂棱线来看,断裂的过程是从安装边的中心开始,先向下,之后向内侧及外侧延伸。断口的底部呈现出由弯曲断裂所致的挤压产生的擦伤。这种擦伤状态在上安装边较薄的中心部位分布较广,大约有6英寸长,但是在断裂的外侧端则分布较少。这个10英寸长的断裂是由于过应力造成的,而过应力是由一个位于安装边中心、刚好在断裂面前部的向下弯曲力矩引起的。

断裂的两端都发现了疲劳裂纹。位于内侧端的疲劳裂纹先是向内、后方发展,之后向内、下方发展,一直发展到连接隔框前、后两部分的上、内紧固件处。外侧端的疲劳裂纹向着上安装边最前方外侧孔的方向蔓延。过应力断裂和所有疲劳裂纹的长度总和为13英寸。

上安装边的后断裂面上有一个月牙状变形,其形状与机翼下缘的U形接头形状一致,像是遭到过机翼U形接头的撞击。

(2) 应力测试。由于在上安装边上发现了损伤情况,因此调查人员打算通过实验室测试确定产生10英寸过载裂纹所需的载荷。实验结果显示,当载荷加到6400磅时,安装边上开始出现裂纹,最初的长度为1.1英寸,且安装边偏转了0.122英寸。当加载至7850磅时,安装边偏转0.2英寸,裂纹增长到2.8英寸。再稍加载荷,裂纹贯穿安装边。加载到16000磅时,裂纹达到10英寸。在另一个实验中,对安装边上原有的长6英寸的裂纹加载推力载荷,当推力载荷达到11625磅时,裂纹达到10英寸。

(3) 数字飞行数据记录器(DFDR)译码。DFDR记录了50s的起飞滑跑数据和31s的空中数据,数据显示起飞时飞机构型设置正常。

(4) 照片分析。191航班起飞时刚好有两人拍下了一共五张照片,分别是从候机楼和另一架正在五边进近的DC-10上拍摄的。通过辨认,照片中的飞机形态与DFDR记录的基本一致。

(5) 风洞实验。风洞实验在美国国家航空航天局进行,用于测定DC-10飞机在失去左发及吊架情况下的气动特性,计算在此情况下飞机的失速速度等数据。另外,对失去1号液压系统会对飞机控制能力产生什么影响也做了分析和计算。

(6) 模拟机测试。参加模拟机测试的共有13名飞行员,模拟机按照191航班起飞时左发及吊架脱落的情况设置,共进行了70次起飞模拟测试。飞行员们表示,他们从驾驶舱里无法看到1号发动机和左机翼,因此只能通过警告发现问题。而警告出现时飞机应当已经开始滚转了,因此飞行员来不及采取任何措施将飞机从失速中改出。

3) 维修情况调查

飞机制造商麦道公司曾于1975年3月31日和1978年2月1日发出过两个服务通告,编号分别为54-48和54-49。54-48要求更换吊架后隔框球形轴承,54-49要求更换吊架前隔框上、下球形轴承。服务通告要求按照DC-10维修手册54-00-00中的程序拆卸吊架,即按照先拆下发动机,然后再拆吊架的顺序,并建议在执行1、3号发动机拆卸任务时完成此服务通告。但是美国航空公司认为这样做不切实际,因为他们无法准确预计何时需要拆卸发动机,如果要等到拆卸发动机时执行该服务通告,则不知道要等到什么时候。况且航空公司也不必非要按照制造厂的建议行事。于是,美国航空公司决定在执行C检时完成这两个服务通告,并于1978年7月28日就此发布了工程更改指令

(ECO)R-2693。

按照该 ECO 中的程序，发动机和吊架是作为一个整体拆卸的。这个程序是公司根据以往的维修经验制定的，他们曾为其他航空公司的四架 DC-10-30 飞机做过这类工作。他们认为，如果将发动机和吊架作为一个整体一起拆卸，则每架飞机能够节省 200 人工小时，而且，从安全角度考虑更重要的是，这样做可以减少断开液压、燃油管线及电缆的数量，从 79 个能减少到 27 个。

美国航空公司就程序问题联系了麦道公司，麦道公司外场服务代表称，之前从未听说其他公司有将发动机和吊架作为一个整体拆卸的做法，担心吊架后隔框球形轴承的前、后表面与 U 形接头之间的空隙过小，因此不鼓励这样做。但是他们对用户的维修程序没有批准权。美国航空公司也没有修改自己的程序。为了将发动机、吊架整体拆卸，美国航空公司要求麦道公司提供有关发动机及吊架重心方面的数据。1977 年 3 月 31 日，麦道公司外场服务代表向公司报告说，美国航空公司打算将发动机和吊架整体拆卸，过程中将使用叉车承载发动机—吊架组件，需要重心方面的数据。1977 年 4 月 8 日，麦道公司把数据提供给了美国航空公司，没有提出异议。

另外，当初在对第一架 DC-10-30 执行服务通告时维修人员发现，先拆前隔框连接件、再拆后隔框轴承螺栓和衬套很困难，因此他们将前后顺序反了过来，后面三架 DC-10-30 都是这么做的。ECO R-2693 也采用了这个顺序。但是美国航空公司的机型是 DC-10-10，其吊架后隔框球形轴承的前、后表面与 U 形接头之间的空隙比 DC-10-30 的要小。

事故飞机于 1979 年 3 月 29 日至 31 日执行球形轴承更换，所使用的叉车 4 月 19 日的维修记录中写道，"排故，叉车加载后缓慢下降。"事故后对叉车测试显示，当把发动机和吊架组件放置其上时，叉铲每 30 分钟高度会下降 1 英寸。

事故飞机球形轴承更换是从夜班开始的，白班继续夜班未完成的工作。白班的两名机务人员告诉 NTSB，他们一上班就看到后隔框的上接耳与连接机翼和 U 形接头的螺栓紧挨在一起。叉车当时承载的发动机重量显示为 18000 磅。

证据还显示，机务维修人员和检验人员均未就此项工作进行过专门的培训，而且工卡上也没有要求检验人员在发动机—吊架组件装好后，对前后连接件进行检查。

4) 美国联邦航空局(FAA)的报告、监督程序调查

调查中发现，作为监管机构，FAA 虽然在规章中定义了"大修"（即如果不当修理，会显著影响飞机的重量、平衡、结构强度、性能、动力装置运行、飞行特性，或其他适航品质……），但是，人们在确定某项工作到底是大修还是小修时，差异却大相径庭。这项工作 FAA 认为是大修，需要经过其批准，但是美国航空公司认为是小修，因此虽然涉及到重要结构件，但是公司未向 FAA 报告以获得其批准，FAA 对此项工作的进行也是一无所知。

3. 事故分析

根据对事故现场残骸的检查、DFDR 译码、照片分析、金相分析、应力测试、风洞实验，以及模拟机测试等得到的结果，调查人员认为，发动机—吊架组件应当是在飞机起飞的一瞬间，或是在飞机刚刚离地后与机身脱离的。调查人员首先分析了发动机—吊架组件在起飞关键时刻脱落对飞行的影响。

1 号发动机与机体脱离后，1 号液压系统、向 1 号交流发电机汇流条供电的交流发

机均丧失。通常1号发动机失效,其他液压系统和发电机可提供液压和电力。但在此次事故中,发动机脱落切断了液压管线,液压动力无法恢复。

吊架内部的电线束也被割断,其中包括发电机与1号交流发电机汇流条之间的主馈线电路。这种情况下,飞行机组本可以通过打开电气及发电机复位面板上的汇流条搭连继电器开关来恢复1号发电机汇流条,但是飞行机组没有这么做。NTSB认为,可能的原因是当时多个系统出现问题,整体情况紧急,机组可能认为还有比电气问题更关键的问题需要处置,况且短暂的时间也不允许他们评估电气系统的问题然后做出反应。但是由于供电没有恢复,因此机长的飞行指引仪、多套发动机仪表,最重要的是失速警告和缝翼不一致警告灯系统均失效。

即便出现上述情况,按照飞机冗余度设计,机组对飞机的控制能力本不应受什么影响。但是此次事故中,发动机、吊架脱落还割断了途经此区域的其他四根液压管线和两条电缆,这其中包括通往前缘缝翼控制阀、用于控制外侧前缘缝翼伸缩的液压管线,以及一条提供前缘缝翼位置反馈的电缆,即当缝翼位置与驾驶舱指令不一致时,控制阀作动,使缝翼位置达到与驾驶舱指令一致,之后,控制阀复位。

正常情况下,为了增加飞机升力,缝翼在起飞时伸出。缝翼伸出后,控制阀复位,此时液压油充满作动筒和管线。由于液压油的不可压缩性,使得缝翼能够始终保持伸出,不受外部气动载荷的影响。但是液压管线被割断后,液压油泄漏,左机翼外侧缝翼在气动载荷作用下就缩回了。即便其他失效不是关键问题,但是前缘缝翼非指令性收回对飞机的气动性能和可控性产生了深远的影响。在左外侧缝翼收回、其他缝翼伸出的情况下,左机翼升力减小了,空速增加,越来越接近机翼失速速度。

由于从驾驶舱看不到左侧发动机,且缝翼位置指示系统失效,因此他们不知道左外侧缝翼已缩回,对即将发生的情况一无所知。随着空速不断增加,失速发生了,但是由于电缆被割断,驾驶舱里没有失速警告,抖杆器也不作动,等飞行员反应过来准备应对时,飞机已经无法从失速中改出了。

导致上述这一切发生的原因是发动机—吊架组件在起飞关键时刻的脱落。为此,事故调查人员对发动机—吊架组件与机翼间的各连接点进行了全面检查。检查发现,前隔框和推力连杆上各断开部位的断裂和形变均呈现过载特征,吊架脱离机体的整个过程是从后隔框上安装边的后端开始的。

由于安装边断裂面上的月牙状形变与机翼U形接头的下表面形状相吻合,而正常情况下,安装边的上表面与U形接头的底部之间距离为0.5英寸,这说明月牙形变是U形接头撞击所致。如果是在飞机撞地时撞击的,那么穿过U形接头和隔框球形轴承的螺栓和衬套均应当脱落,但是这些物件都保持在原位上,说明月牙状形变不是事故中撞击形成的,因此调查人员推测是在拆、装吊架的维修过程中造成的。

4. 维修差错分析

在事故发生的8周前,该事故飞机的1号发动机吊架曾被拆下,目的是按照麦道公司54-48和54-49号服务通告的要求更换球形轴承。此外还有美国航空公司四架、大陆航空公司两架同型号飞机也执行过这两个通告,均在后隔框上安装边处发现了裂纹。另外,大陆航空公司曾发生过两次在拆、装吊架时损伤后隔框上安装边的情况,好在他们及时发现,进行了修理。

对于更换前、后隔框球形轴承这项工作，制造厂服务通告建议与拆卸发动机同时进行，而且应当先从吊架上拆下发动机，然后再从机翼上拆下吊架。但是，美国航空公司和大陆航空公司均认为将发动机与吊架作为一个整体一起拆下更方便。他们制定了各自的程序，拆卸时用叉车托住整个发动机—吊架单元，拆去吊架与机翼之间的连接件，然后降到一定高度更换球形轴承，更换完毕后再把整个单元举起，重新安装好连接件。

经过对此维修程序严格测试后，调查人员发现，过程中后隔框上安装边很容易与机翼上的U形接头相触碰，并对后隔框接头产生断裂载荷。由于吊架与机翼间连接紧密，间隙很小，因此维修人员在拆、装吊架连接件时不得不极其小心。叉车司机只要稍有不慎，便会导致后隔框及上安装边损伤。而且有时叉车会因为液压系统压力泄漏产生不知不觉的移动，因而造成安装边损伤很难察觉。曾对该机执行过该程序的机务维修人员证实，此工作程序执行起来很困难。

两名机务人员说，他们曾看到后隔框的上接耳紧挨着连接机翼与U形接头的螺栓。要达到紧挨着的状态，需要后隔框与U形接头之间有0.6英寸的相对移动，而只有当上安装边产生变形后，相对移动才有可能发生。美国航空公司和麦道公司在事故后通过测试均确认，这样的变形会产生过载裂纹。

除了在事故飞机上发现10英寸的断裂外，调查人员还在其他飞机的上安装边上发现了因维修导致的裂纹，最长的有6英寸。麦道公司和美国航空公司通过测试表明，给安装边加载或使其变形通常会导致产生6英寸~7英寸的裂纹。而要给安装边加载或使其变形，除了单向撞击外，就是使安装边与U形接头保持稳定接触，而这种情况只有在维修中才会出现。

麦道公司的测试表明，反复加载会使上安装边产生10英寸的裂纹。这暗示着事故飞机的上安装边与U形接头在维修过程中有过两次或更多次的接触。为解释事故飞机产生的这一裂纹长度，美国航空公司提出了另一种可能性。他们的理论是：裂纹的发生分成两步，首先在维修过程中产生了6英寸的裂纹，之后由于施加了不正常的操纵载荷，使裂纹扩展到了10英寸。美国航空公司指出，后隔框球形轴承的前表面与机翼U形接头前接耳的后表面之间的间隙小于0.080英寸这一标定最小间隙。他们认为，在使用发动机起飞功率时，很可能有一个足够大的推力载荷（应力）被加到了后隔框的前安装边上。但是考虑到裂纹在10英寸时停止了发展，要合理地解释这一情况，只能认为这个拉伸载荷又向吊架的其他部件传递开去了。调查人员无法确定事故之前飞机吊架的结构容差，不过，事故后对DC-10机群其他飞机的检查发现，U形接头与隔框之间的空隙确实非常小，推力载荷确实会施加到安装边上。麦道公司的测试也证明了该理论。测试中发现，即便安装边上已有一个13英寸的裂纹，其中含有疲劳裂纹，安装边结构也不会失效，除非因推力载荷引起的垂直和水平操纵载荷增加，才会导致安装边结构失效。

NTSB认为，反复发生的安装边与U形接头的碰撞，以及因不当的容差导致推力载荷的加载是事故的可能因素，其他变量诸如材料的晶粒流、其他材料参数、容差和加载类型等对事故飞机的裂纹长度也有影响。

根据这些证据，NTSB推论认为，由于不当维修导致了裂纹的发生和不断扩展，使吊架后隔框前安装边的剩余强度大幅降低，直至完全失效，这是造成吊架结构分离的原因。

虽然NTSB认为吊架结构的设计从维修角度来讲不够完美，但是有确凿证据显示，许多吊架在拆卸和重新安装时结构未受到损伤。不过有一点是毋庸置疑的,即这些维修工作需要维修人员始终保持谨慎的态度和极高的精确度,因为吊架与机翼连接点处缝隙极小,而且还存在不经意间对结构造成影响的危险。

麦道公司很清楚此项工作需要高度精确,因此他们在原先的维修程序及后续的服务通告中规定,在发动机从吊架上拆下后,才能从机翼上拆卸吊架。虽然先拆下发动机不能完全消除造成吊架机构损伤的可能性,但是比起将吊架和发动机作为一个整体拆下的方式,造成损伤的可能性肯定是大大减少了。吊架组件本身重大约1865磅,重心位于前隔框连接点之前大约3英尺的位置。吊架与发动机一共重13477磅,重心位于前隔框连接点之前大约9英尺的位置。发动机拆下后,机务人员在维修中距吊架与机翼连接点的位置相对更近,可以更密切地观察吊架与机翼之间的相对运动,也更容易控制。正是考虑到这些情况,麦道公司从不鼓励将发动机与吊架组件作为一个整体一起拆下。而NTSB所关心的是执行54-48和54-59号服务通告时采用的程序是否是经过评估后制定并执行的。

美国航空公司既是一个大型承运人,也是一个指定改装站。他们被授权依据所指定的项目和相关规章,按照FAA维修审查委员会制定的维修和检查大纲,对投入运行的航空器实施大修。他们还被授权按照其维修手册或其工程部门制定的程序实施改装和修理。FAA通过其主任维修监察员对承运人的维修工作进行监督,目的是确保承运人遵守维修和检查大纲等的要求。FAA可以审查承运人的维修手册,但不要求正式批准。承运人也允许一步一步地对一个具体维修任务制定自己的维修程序,而且不需要获得制造厂和FAA的批准。有时承运人制定的程序会偏离制造厂的规定,这种情况并不少见,只要工程和维修人员认为采用其他替代方法对完成工作更有效,他们就会这么做。美国航空公司制定的、以ECO R-2693下发的程序就没有经过制造厂或FAA的审查或批准。

证据表明,美国航空公司工程和维修人员没有全面评估该程序是否会造成维修困难,是否存在损伤吊架结构的风险。NTSB认为,只要对该程序进行严格测试,就能发现这些问题。为了使前、后隔框球形接头处的载荷能同时卸下,叉车摆放位置必须恰到好处,确保载荷在每个叉铲上的分布使得叉车产生的载荷刚好位于发动机和吊架组件的重心下方。要做到这点,需要叉车司机极为精确地控制叉车的垂直、水平和倾斜运动。该ECO中却没有强调精确操纵,说明工程人员既没有考虑工作难度,也没有考虑叉车摆放不当会造成的后果。很明显,叉车司机没有被要求精确操纵叉车,工程和维修人员也没有对叉车能否达到要求的精度进行评估。

证据还表明,实际维修中,叉车司机是通过测重仪来调节叉车的,采取的是试探—错误—纠正的方式。他先将前隔框连接件拆下,但是如果此时重量不平衡,则载荷就会加到后隔框连接点上。这样一来,在拆掉前隔框连接件后,如果不调整叉车,则后隔框接头处的螺栓和衬套就会因不平衡载荷而拆不下来。如果在有载荷的情况下从隔框连接件向外拽螺栓和衬套,那么吊架后端就会移动,上梁腹板到后隔框安装边连接螺栓会撞到机翼U形接头的前接耳,并给安装边施加一个弯曲载荷。通过接触面施加的力是否会对吊架结构造成损伤,要看叉车司机调整叉车的精度。

维修人员作证说,按照ECO中规定的连接件拆卸顺序执行起来很困难。NTSB认为,这主要是因为调整叉车位置以去掉不平衡载荷很难。因此,维修人员改变了拆卸顺序,先拆后隔框连接件，再拆前隔框连接件。虽然也需要极度精确，但是用前隔框连接点作支点，使得力臂变短了，叉车调节容易了。然而，顺序改变虽然使工作容易了，但是却大大增加了损伤吊架结构的风险。

在后隔框连接点的螺栓和衬套拆下之后，前隔框成了一个支点。这样一来，叉车任何有意、无意的垂直运动都会使吊架后隔框垂直运动。如果叉铲位置较低，则后隔框安装边处的梁腹板连接件就会接触到机翼 U 形接头的前接耳；如果叉铲位置过低，那么原本由叉铲承托的整个组件的重量就会转移到后隔框与机翼 U 形接头的连接处。随着载荷的转移，载荷不断增加，最多可能给后隔框施加 20000 磅的载荷。而测试表明，当载荷加至不到 8000 磅时安装边就会出现断裂。

只要对这个程序适当评估一下，就会发现有两个很明显的原因会造成叉铲位置下降。第一，为了拆卸前隔框球形接头，需要卸载掉接头处的载荷，因此叉铲司机肯定会重新调节叉车。可以想象在这个过程中叉铲位置会有瞬间下降。第二，叉车液压系统只要有泄漏，就会造成叉铲位置缓慢下降。

维修人员作证时也证明，吊架拆卸过程中，在拆卸完后隔框连接件后，的确需要重新调整叉车位置，对该事故飞机也是这么做的。证词还称，这台叉车已经有段时间不用了，原因是漏油。测试结果显示，液压泄漏导致叉铲每 30 分钟下降 1 英寸。而安装边载荷测试显示，重心位置下降 0.4 英寸或者更小，便会造成安装边产生 7 英寸的断裂。

调查中还了解到，大陆航空公司在维修中曾有两次维修人员听到了安装边断裂的声音。之所以事故飞机的断裂声没有听到，可能是因为工作场地环境噪声大，维修人员当时的位置距离远，断裂的声音很小等。NTSB 表示，造成后隔框安装边损伤的可能性很多，而且不易被维修人员发现。但是 NTSB 认为，如果进行适当的评估，还是可以发现这些潜在的危险的。

美国航空公司的机务维修人员在按照 ECO 规定的顺序执行维修任务时，没有将遇到的困难报告给工程部门或者质量控制部门，也没有征得他们的同意，就擅自更改了施工顺序。如果对维修中遇到的困难进行了报告，那么相关部门可能会对整个维修过程做出仔细的评估。另外证据表明，工程部门和质量控制部门人员通常不对维修程序一步一步地进行例行检查，因此也很难发现维修程序会导致结构损伤的情况。

NTSB 认为，这份 ECO 本身也存在缺陷，比如：没有规定在吊架重新安装前、后，对吊架结构进行检查；也没有要求质量控制人员在吊架重新安装后，检查吊架与机翼之间的连接件。虽然这些失误不是此次事故的致因，但是如果实施了这些检查，也许能够提早发现这些差错，从而避免事故的发生。

NTSB 认为，美国航空公司在维修方面还存在其他一些缺陷，比如：工程部门没有对偏离制造厂建议的维修程序做出评估，以确定是否存在因程序导致损伤的可能性；工程部门也没有充分评估叉车的性能和车况，以确定其是否有能力执行此项任务；维修人员与工程人员之间就维修困难和改变程序等缺乏沟通；没有建立起一套适当的检查程序，以发现维修导致的损伤。

经过分析，NTSB 认为，由于维修差错造成了结构损伤，导致了 1 号发动机和吊架组件在起飞的关键时刻从机身上脱落，切断了液压管线和电缆，造成左外侧缝翼非指令性收回，失速警告和缝翼不一致指示系统失效，最终导致飞机因不对称失速和滚转而坠毁。

5. 安全建议

为了深刻吸取事故的经验教训，减少空难发生，作为事故调查结果，NTSB 向 FAA 提出了以下几条安全建议。

(1) 立即发布一个紧急适航指令，要求使用经批准的检查方法，对所有 DC-10 飞机的吊架连接点进行检查。（I级，紧急行动）（A-73-41）

(2) 发布适航指令电报，要求对曾经拆装过发动机—吊架组件的所有 DC-10 飞机立即展开检查，查看安装在翼下的吊架后隔框（其中包括其前安装边、连接梁腹板及紧固件）是否有损伤。要求除去所有的密封胶，以免掩盖住安装边区域隐藏的裂纹，并使用涡流或其他经批准的技术方法探测是否存在损伤。（A-79-45）

(3) 发布维修警告，指示 FAA 的维修监察员联系其所辖航空公司，劝导这些公司即刻停止将发动机及吊架整体拆装的做法。航空公司必须遵守麦道公司服务通告中建议的程序，其中包括先拆下发动机，再拆下吊架的做法。（I级—紧急行动）（A-79-06）

(4) 向具有美国运行许可证的所有航空公司，以及所有运行 DC-10 飞机的外国航空公司所在国政府发布维修警告，要求对发动机吊架进行适当的结构检查。（I级—紧急行动）（A-19-52）

(5) 考虑在型号合格审定程序中加入：影响维修、检查的因素，关键结构件的连接件的间隙，在重要系统线路经过区域出现因主要结构损伤导致的组合失效的可能性。（II级—优先行动）（A-79-98）

(6) 确保运输类飞机设计时切实防止在飞行关键阶段出现升力装置不对称，或者如果能证明在不对称条件下飞机可控，则确保不对称警告系统、失速警告系统，或其他能够向飞行员提供安全飞行必要信息的关键系统是具有完全冗余度的。（II级—优先行动）（A-79-99）

(7) 对下述区域开始并持续实施严格、全面的监督：

① 制造厂质量控制计划，确保经批准的生产和流程规范得到完全遵守；

② 制造厂使用困难和服务信息收集和分发系统，确保所有报告的使用问题均经过适当分析并将解决方法告知用户，使问题得以适当、及时地纠正。（II级—优先行动）（A-79-100）

(8) 确保维修审查委员会在批准航空公司/制造厂维修大纲时全面考虑以下要素：

① 维修程序的危害分析，其中包括拆卸、安装重要结构部件或在重要结构部件附近作业的程序，以便发现和消除损伤这些部件的风险；

② 对执行过维修工作的重要结构部件进行特殊检查。（II级—优先行动）（A-79-101）

(9) 要求所有航空公司维修基地和其他指定维修厂：

① 对自己提出的偏离制造厂手册的维修程序（包括拆卸、安装重要结构部件，或者在重要结构部件附近作业的程序）进行危害分析评估；

② 将自己提出的程序及分析内容提交给 FAA 的相关局方代表批准。（II级—优先行动）（A-79-102）

(10) 修订美国联邦航空条例（FAR）121 部 707 条，在"大修"、"小修"中做出更明确

的规定,确保对重要结构部件的损伤修理进行报告。(Ⅱ级—优先行动)(A-79-103)

(11) 通过下列方法,扩大对航空公司维修工作的监督范围:

① 修订 FAR121 部,要求航空公司对凡是造成重要结构部件损伤的事故征候,不论其发生在空中、地面操作还是维修作业中,均进行调查并向局方代表报告;

② 要求 FAA 人员对损伤报告进行评估,以确定损伤原因是否与操作方法不安全有关,并将相关安全信息告知其他航空公司和维修单位。(Ⅱ级—优先行动)(A-79-104)

日本航空公司 123 航班空难

1985年8月12日,日本航空公司的123航班按照飞行计划从东京飞往大阪。在大约18点25分飞机快靠近伊豆半岛南部东海岸的时候突然出现了紧急情况,在苦苦支撑飞行了大约半个小时候后,飞机于18点56分左右在群马县上野村附近山区不幸坠毁。机上520人遇难,4人生还。

1. 事故叙述

当天,这架登记号为JA8119的波音747SR-100飞机在承担123航班的飞行任务之前,还曾经执行了503、504、363和366航班的多项飞行任务。123航班除了和363、366航班共用飞行工程师外,其他的飞行机组人员都和上述四个航班不同。

出事飞机在执行完366航班从福冈飞往东京的飞行任务后,于17点12分降落于东京国际机场,17点17分停靠于18号停机位上。随后在执行123航班的飞行任务前,该飞机接受了例行检查。

检查完成后,该飞机于18点04分从18号停机位滑出,18点12分从15L跑道起飞。机长为了对副驾驶进行机长位置训练,特意选择坐在了右侧的位置上。

大约18点16分55秒的时候,正在向24000英尺高度爬升的123航班向东京区域管制中心提出从当前位置直接飞往Seaperch(一个位于253°、距大岛25英里的非强制位置报告点)的要求,并于18点18分33秒得到确认许可。

18点24分35秒,在飞行高度刚到达24000英尺,正朝Seaperch航向航行且快抵达伊豆半岛南部东海岸时,飞机突然出现了异常情况,持续飞行受到了严重影响。与此同时,机长和副驾驶发送了"Squawk77"的信号,即ATC应答机7700应急代码。就在信号发送完的一瞬间,他们听到了"噗"的一声巨响。18点25分21秒,鉴于出现了上述异常情况,机长向东京管制中心发出了请求,要求把飞行高度降低并保持为22000英尺,返回羽田机场。18点25分40秒,飞机提出了雷达引导至大岛的请求。针对这一请求,东京管制中心问其是左转还是右转返回羽田机场,飞行员做出了打算右转的答复,东京管制中心也就相应地发出了右转后在雷达的指引下沿着90°的磁航向飞往大岛的指令。18点25分52秒,飞行机组人员对这一指令进行了确认。

随后,该航班在靠近伊豆半岛南部的中间位置时向右偏移原来的航道,朝西北西方向横穿过伊豆半岛,跨越骏河湾。大约就在这个时候,飞机出现了不寻常的振动并伴有荷兰滚,并一直持续到飞机坠毁。18点27分02秒,东京管制中心对123航班发送的紧急报告进行了确认并对紧急情况的具体类型进行了询问,但未收到任何相关回复。18点28分31秒,东京管制中心再次发送了在雷达的指引下沿着90°的磁航向飞往大岛的指令,可是却于18点28分35秒收到了机组人员发送的"飞机已失控"的回复。

123航班在穿越了骏河湾并且从烧津市北部上空穿过后,于18点30分到达了静冈县。大约18点31分,该航班突然改变航线右转向北飞行。与此同时,东京管制中心询问其是否可以降低高度。18点31分07秒，飞行员回复说："现在正在下降"。针对随后东京管制中心提出的当时所在的具体高度的询问，回答为"24000英尺"。随后东京管制中心告诉机组人员他们当时离名古屋机场大概72海里(1海里=1852米)，并询问他们是否可以考虑降落到那里。机组人员回答说他们要求降落在羽田机场。18点31分26秒，东京管制中心提出接下来用日语进行交流的建议，机组人员同意。

18点35分，在离富士山西侧大概35km的地点，飞机右转向东飞行。18点38分，在离富士山北北西方向大概7km的地点飞机又再次左转朝东北方向飞行。18点41分在大月市邻近区域，123航班开始把飞行高度降低至21000英尺。在随后大约3min内，在山梨县上空，飞机不但再次把飞行高度降低至17000英尺，还右转了360°。接下来，飞机继续一边东向飞行，一边降低飞行高度。18点45分46秒，飞机发送了"失控"的信号，并随后左转朝东北方向飞行。18点47分07秒，123航班要求提供飞往羽田机场的雷达引导。东京管制中心指示航向角继续保持为90°，在羽田机场正在使用的22号跑道降落。针对这一指示，机组人员进行了确认回复。18点47分17秒，东京管制中心询问机组人员飞机是否可控，得到了机组人员"不可控"的回复。大约18点48分，在东京奥多摩町、西多摩郡附近的上空，飞机的飞行高度降低至7000英尺并左转向西北西方向飞行。在飞行的过程中，飞机不断努力往上攀升。在大约18点53分飞行高度攀升至13000英尺的时候，飞机又再次被动下降，并于18点53分31秒向管制中心再次发送了"无法控制"的信号。大概18点54分19秒，在飞行高度在11000英尺的时候，123航班按照东京管制中心的指示，将通信切换至由东京进近管制中心负责。18点54分25秒，飞行机组人员询问他们当时所处的确切方位，得到了东京进近管制中心提供的"羽田机场西北55海里，熊谷西25海里"的回复。18点55分05秒，东京进近管制中心告诉机组人员，羽田机场和横田机场都做好了迎接他们降落的准备，并得到了来自于机组人员的确认回复。随后，无论是羽田进近管制中心还是横田进近管制中心都再未接收到123航班发送的任何信息。

据目击者证实，大概在离坠机地点南南西方向3km到4km的地点，看见飞机从位于东西东方向的奥多摩町方向飞过来。当时的飞行速度和高度都很低，而且还伴有巨大的噪声，机头略微上仰。该飞机在从他们头顶飞过后，在离位于西北方向的三瓶山(海拔1700m)不远处的地方突然右转，朝位于东北东方向的三国山(海拔1828m)飞去。随后，他们又看见飞机突然俯冲，朝西北方向左倾，消失于三国山后。不久就看见山后有烟和闪光出现。

在位于三国山北北西方位1.4km的山脉(海拔大概为1530m)上飞机撞上了好几棵树，随后还触到了位于前一山脉西北西方向520m的另一山脉。确切的坠机地点为群马县、长野县和崎玉县三县边界上的三国山北北西方向2.5km处的山脉处。

飞机上载有15名机组人员和509名乘客，其中12名为婴儿。事故发生后，总共丧生人数为520人，其中505人为乘客，15名机组人员全部遇难，4名乘客虽然受伤严重，但成功生还。

2. 事故调查

1985年8月12日接到日本交通省的通知后，飞机事故调查委员会(AAIC)立即任命了一名调查员负责人和15名调查员(包括两名来自航空自卫队航空医学方面的官员)，成立了调查小组负责该事故的调查工作。1986年4月6号，又加派了两名调查员。应

AAIC 的请求,有 6 名交通省官员也参与了现场调查。

针对相关专业问题,AAIC 分别成立了结构调查组、飞行性能调查组和驾驶舱话音记录器(CVR)调查组。

自事故发生之日起,相关负责人、工作人员、调查组负责人和调查员(含航空自卫队医官)都被派往坠机现场,并同时成立了现场调查组。现场调查组在事故现场调查直至当年的 10 月 13 日。

调查过程中,警察局、自卫局、科技局、东京大学地震研究所、海上安全局、气象局、群马县、上野村、当地消防中队等多个组织以及众多相关人员都给予了大力的合作。

航空自卫队医学实验室、国家航空航天实验室、国家金属研究所在使用其相关设备、设施进行各种测试和实验方面也提供了合作支持。

美国国家运输安全委员会(NTSB)派出一名人员作为美国(飞机生产国)官方代表及顾问,也参与了事故调查。

调查实施过程如下:

1985 年 8 月 13 日—10 月 13 日 坠机现场调查

1985 年 12 月 11 日—13 日 坠机现场调查

1986 年 4 月 17 日—20 日 坠机现场调查

1985 年 8 月 13 日—9 月 17 日 访谈飞机乘客

1985 年 8 月 15 日—1986 年 3 月 28 日 访谈目击者

1985 年 8 月 15 日—1986 年 7 月 28 日 飞行数据记录器(FDR)解码

1985 年 8 月 15 日—1986 年 9 月 30 日 CVR 解码

1985 年 11 月 1 日—20 日 相模湾海底残骸调查

1985 年 12 月 8 日—10 日 机身声学传输特点等调查(B-747 机型)

1985 年 12 月 16 日—1986 年 3 月 31 日,1986 年 7 月 1 日和 1987 年 2 月 6 日 飞行性能特点调查(包括飞行模拟机和不同的飞机稳定性和反应测试)

1985 年 12 月 27 日—1986 年 3 月 31 日 发动机、设备等功能测试及调查

1985 年 12 月 27 日—1986 年 3 月 31 日 警告灯和开关指示灯调查

1986 年 1 月 13 日—3 月 28 日 垂直安定面结构紧固件破坏测试

1986 年 3 月 23 日—30 日 AAIC 成员及其他人员到美国考察

1986 年 4 月 17 日—5 月 14 日 (用直升机)对推测的飞行路径下方区域的调查

1986 年 6 月 2 日—20 日 飞机后部增压隔板结构部件测试

1986 年 6 月 10 日—8 月 31 日 气流调查

1986 年 6 月 25 日—7 月 10 日 通过内部压力对垂直安定面部件结构进行破坏性测试

1986 年 7 月 14 日 机身内部减压及缺氧疾病实验

1986 年 8 月 28 日—11 月 30 日 照片分析

1986 年 3 月 28 日,AAIC 发布了事故调查报告草案,并于 4 月 25 日举行了听证会,听取事故相关人员及 11 位资深人士的意见。

飞机事故调查过程及进展情况,以及实况调查所了解的重要事实均已向交通省做了汇报,并分别于 1985 年 8 月 19 日、8 月 27 日、9 月 14 日、12 月 19 日和 1986 年 8 月 6 日

公布。

3. 事故分析

（1）AAIC 对 1978 年 6 月份大阪国际机场事故中飞机损伤的维修情况和本次事故之间的关系，以及大阪事故之后该飞机的飞行运行、维修和飞行异常情况专门展开了研究。

① 对大阪国际机场事故中造成的损伤进行的维修。

a. 日本航空公司根据合同的要求让波音公司完成有关飞机结构的修理工作被认为是正确合理且天经地义的，毕竟波音公司是该架 747SR－100 飞机的制造商，而且波音公司不但维修经验丰富，在过去的维修工作中也表现不俗。

b. 从总体上来说，波音公司和日本航空公司针对飞机的该次损伤制定的维修计划也被认为是正确合理的。

c. 当根据维修计划对因该事故而受损变形的机尾增压舱壁的下半部分进行更换时，波音公司的一位检查员发现机尾增压舱壁的上腹板和下腹板接头表面（L18 接头）的铆钉孔周围某些位置切口边距要比结构修理手册规定的值小。之所以会这样，从某种程度上被认为是在修理机尾增压舱壁的过程中没有充分考虑到防止机身后部变形所致。

过小的切口边距被认为是由下列一个或多个问题引起的：

- 机尾增压舱壁上半部分的铆钉孔排列不够整齐，没有在一条直线上；
- 薄板结构的舱壁的上半部分和下半部分扭曲变形；
- 事故发生时产生的撞击让机身的后半部分扭曲变形；
- 由于维修工作的需要把飞机后部的一部分取下来造成的扭曲变形；
- 舱壁的下半部分腹板的上边缘切口尺寸不够。

为了防止飞机的机体变形，特意用额外的支撑物对机身后部进行了支撑。尽管这样，机身后部还是有可能存在变形情况。为了防止机身变形和方便机尾增压舱壁下半部分的安装，本来是可以使用一些特殊的工具的，可是实际上却没有使用。

因此，可以推断出从某种程度上来说，在对机尾增压舱壁的维修过程中，防止机身后部变形方面进行的考虑和防范还不是太充分。

d. 针对上述切口边距不足的情况，波音公司维修小组的一位工程师提出的正确的矫正措施是插入一块拼接板做接头。这个建议被认为非常中肯和合理。

e. 在实际的维修过程中，没有使用一块宽度足够的拼接板，而是使用了一块比维修指令要求窄的拼接板和一块垫板进行拼接。另外也找不到任何表明进行了此操作的文字记录。

据估计在这次维修过程中，L18 接头处其中有一部分根据规定是应该用两行铆钉进行拼接的，可实际上却只用了一行铆钉。这导致这一部分的承受力量只有用正确操作方法的 70%。因此据估计，这一部分出现疲劳裂纹的可能性就被人为地增大了。

波音公司的一个检查人员对这项工作进行了检查，但是很遗憾，他没有发现实际操作和指令的内容存在出入。

f. 在以此种方式进行过修理的机尾增压舱壁的腹板上发现了 6 处蒙皮凹陷。可以想象之所以会这样，是由于如同上面部分所叙述的那样，机身后部可能存在的扭曲变形或在车间内要用铆钉把舱壁给拼接起来有困难。

g. 波音公司的检查人员根据波音公司的相关规定对维修工作进行了相应的检查。

当然,波音公司的这些规定的制定都是得到了美国联邦航空局的首肯的。日本航空公司也派了他们的检查员和其他相关的工作人员检查、核实了每一个项目是否都是按照合同里的相关规定执行的;与此同时,还进一步确认了波音公司方是否根据事先的约定对相关项目进行了检查;并对波音公司已经进行过检查的项目再次进行了复查。

日本航空公司还发函邀请了民航局对维修工作进行检查,确定其是否符合民航的相关法规。因此,民航局也应邀对维修计划、维修过程和维修工作结束后的情况进行了全面检查。

实际采用的检查方法与对维修进行检查的通用方法一致,主要包括:民航局的适航工程师通过审查申请方提交的维修图对维修计划进行的审查,根据维修记录对维修过程进行的检查,以及维修工作结束后对飞机的相关情况进行的检查,如常规的外部检查和通过地面和飞行测试对飞机功能进行的测试。

h. 因为上文所说的接头部分的边缘被密封嵌条给遮挡住了,所以可以想象,通过目视检查发现实际的维修操作和前文所提及的指令要求不符几乎是不可能的。

i. 包括对维修过程检查在内的维修工作的管理方式在某种程度上被认为缺乏足够的针对性。

② 1978 年后的运行、维修和故障。

a. 1982 年 8 月,该架飞机在降落到新千岁机场的时候发生了一起安全事故征候。在该事故征候中,四号发动机短舱触到了跑道。不过,只是对发动机和发动机罩进行了维修。这两个部件的维修和此事故的发生应该不存在任何关系。

b. 1978 年 7 月以后,根据上报信息来看,该架出事飞机在飞行运行过程中曾出现了大量的偏差。其中,针对和机身后部以及垂直尾翼相关的偏差还专门进行了调查。调查表明,除了下面 c. 部分提到的盥洗室的门出现的故障以外,其他偏差都和本事故无关,毕竟同类型的其他飞机也经常会出现这类故障。

c. 在 1985 年 2 月—8 月的这段时间内,总共上报了 33 起和盥洗室的门相关的故障,其中 22 起是发生在关岛航班(从大阪到关岛或从关岛到大阪的航班)上的。对关岛航班上出现的此类故障进行的调查表明,之所以会出现此类故障是因为在关岛航班上存在一个特有的现象,即客舱后部的衣帽间内装载了大量的机上供应品。

不过还是不能完全排除盥洗室的门出现故障是因为 1978 年 6 月份的事故导致了机身后部的扭曲变形所致的可能性。

d. 机舱增压的强度被认为对机尾增压舱壁的 L18 接头上的疲劳裂纹的增长速度构成了影响。

e. 对出事飞机的维修程序是日本航空公司在维修波音 747SR-100 飞机机群时通常采用的程序。

f. 对机身全面检修主要是通过执行 C 类检修(简称 C 检,每 3000 小时进行一次检修)完成的。检修工作是根据每一张工作单卡完成的。和机尾增压舱壁相关的工作单卡有 10 张。不过这 10 张工作单卡主要是和检查舱壁下半部分是否有腐蚀和被称为 Y 弦的结构是否有磨损等相关的;既未强调如 L18 舱壁接头这类腹板的接点是需要特意进行检修的地方,也未强调对它们进行检修时要特别注意的事项。对这类接点的检修包含在对机尾增压舱壁后表面进行的目视检查范围内。

之所以采取这类检修程序,是因为一般来说,通过常规的目视检查就足以做出正确的判断,因为在设计 B-747 飞机的结构强度时为腹板接点预留的载荷裕度是足够的,而且以前也从未发现同类型的其他飞机在运行过程中出现过如此类危险性极大的裂纹一类的缺陷。

g. 直到本次事故发生之前,包括和 1978 年 7 月份的维修一起做的那次 C 检在内,一共进行了 7 次 C 检。在这 7 次 C 检和后面所论及到的所有 A 类检修中,都未发现任何和本次事故相关的异常情况。

查询记录倒是发现有几起和 L-5 门(客舱最后面的门)相关的故障(如漏气)以及与 R-5 门相关的故障记录。不过这些故障不可能和本次事故有任何关联,因为它们是由于门的密封带损坏造成的。

h. 在机尾增压舱壁 L18 接点两边的两块腹板之间发现附着有烟碱,主要集中在 21～78 号铆钉上。在 41 号和 50 号区域内的拼接板和下腹板之间有两个地方都出现了烟碱被吹向未增压面的情况。

通过此现象不难想象到,肯定是对 L18 接头进行的修理导致了烟碱附着和被吹出的情况产生。然而,单靠对表面进行目视检查是不可能发现有烟碱附着在接点表面的。要想在前几次 C 检的时候弄清楚烟碱被吹到非增压面的现象是否已经存在也是不可能的。

i. 出事飞机的机尾增压舱壁 L18 接点铆钉孔边缘的裂纹不断增多。据估计,1984 年 12 月份进行 C 检的时候,有些裂纹的长度可能已经长达 10mm。

C 检时对这一部分的检查等同于上面 f. 部分所提到的目视检查。通过这样的目视检查能否发现疲劳裂纹完全取决于裂纹的长度、形状和裂纹的所在位置,以及负责目视检查的人的技术和经验等因素。

AAIC 对发现裂纹的可能性专门进行了研究。其研究结果表明,就采用 C 检中使用的检查方法是否可以发现 L18 接头处的裂纹的问题,无法给出明确的结论。

j. C 检中用于检查机尾增压舱壁的方法可能是正确的,因为如果舱壁的制造和修理都正常无误,在进行上述 C 检时是无法想象到这一部分竟然会存在大量的裂纹的。

不过,从某种程度上来说,检查还是被认为不够全面,因为毕竟没有发现这些后来导致机尾增压舱壁碎裂的疲劳裂纹,虽然它们是由于最初的维修工作不当而出现的。

(2) 对异常情况发生后的最初阶段机身损伤的分析。

AAIC 以飞机残骸的状况、就损坏分析进行的测试和研究、相关的分析性计算和对 FDR 和 CVR 记录的分析性结果为基础,对在异常情况出现后的最初阶段内存在损坏加剧性倾向的结构性部件和重要组件的破坏过程展开了研究。

① 机尾增压舱壁的断裂。

据估计,机尾增压舱壁的裂纹逐渐增多加粗的过程如下。

a. L18 接头的疲劳裂纹的增多。

正如前面所提到的一样,因为机身内部压力的反复荷载导致 L18 接头的铆钉孔边缘出现了大量的疲劳裂纹。通过电子显微镜查看,内压负载的重复次数根据估计要达到 10000 次才会最终导致疲劳裂纹增多增大。10000 次这个数字也正好和 1978 年机尾增压舱壁被修理后飞机总共飞行了 12319 次这个数字相吻合。

b. L18 接头的断裂。

据估计,在出事飞机爬升到大概24000英尺的高度的时候,增压客舱和外面大气之间的压力差为8.66psi(磅/平方英寸 1psi=0.07kg/cm²)。在这样的压力差之下,本来就存在裂纹的L18接头在2号舱断裂后也必然会随之完全断裂。

c. 随后断裂过程的推测。

L18接头右侧(从机尾增压舱壁的后部看)的裂纹是沿着位于舱壁中心的集流环按顺时针方向逐渐增多的,并顺着R6和L2加强板向上逐渐增多加剧。另一方面,L18接头左侧的裂纹则是顺着机外的Y弦朝上逐渐增多增大的。

继这些部分断裂后,舱壁的第1部分和第2部分开始爆裂并有被向后挤压的趋势,最终被挤压至机身站位(BS)2412部位的机架位置。

因这种方式引起的裂口据估计已经高达 $2m^2 \sim 3m^2$。

除有几根缆索串着外,舱壁的2A部分被认为已经和已爆裂的第2部分基本已经断裂开了。第1部分也是仅靠几根缆索串着,否则也将完全断裂开。

② 包括辅助动力装置(APU)防火墙在内的机尾断裂。

客舱内增压的空气伴随着冲击波很可能导致了机尾增压舱壁的第1部分和第2部分断裂开。不过,鉴于机尾增压舱壁的机身后部横断面要远远大于机尾增压舱壁的开口面积,此外机尾内部还存在很多诸如水平安定面和机架一类的阻挡,因此APU防火墙不大可能也会遭到冲击波的毁坏。因此,据估计,因气流而引起的结构断裂是由静压的增大而引起的。

a. 释压门。

在飞机坠毁地的附近区域发现了释压门。为了弄清楚它在事故发生的初期有没有被打开,专门展开了分解调查和测试。不过很遗憾还是无法弄清楚。

不过考虑到此门的设计受压能力仅为1.0psi~1.5psi和此门的受损情况,可以推断出它被打开的可能性还是非常大的。即使此门被打开了,机尾内部的压力也很可能出现了急剧上升的情况,因为释压门打开后的缝隙还没有大到可以把从机尾增压舱壁的开口区域流进的空气给排出去。

b. APU防火墙附近区域的结构断裂。

据估计,由于机尾压力的陡增,APU防火墙是在除2和4外横梁外,最先变形弯曲的部位。随后由于3psi~4psi的压力差,整个防火墙都从位于机尾部分的包括APU在内的结构上脱落下来。

c. 其他断裂。

几乎在与上述断裂发生的同一时间内,安装在水平尾翼的穿过部分后部的水平安定面位置传感器也很可能出现了断裂。

③ 垂直尾翼的断裂。

据估计,虽然释压门打开了,APU防火墙破裂了,一部分空气被排除了机外;但在机尾前部的内压增大之后,垂直尾翼内部的压力也肯定会随之增大。当压力增大至大约4psi的时候,位于垂直尾翼后扭力盒加强条和肋弦之间的固定装置也开始断裂了。

继上述断裂出现后,后扭力盒的主要结构性材料也开始出现断裂,后梁开始坍塌,方向舵也开始脱落下来。不过不太可能确定损毁的具体进程。

在一部分垂直尾翼的蒙皮上发现的一些黑色条纹印迹被认为是铝合金粉末。经过调查,这些粉末被认为是在飞行过程中,因内部压力出现断裂并在飞机坠毁前磨损成了条纹状的垂直尾翼和下面第④部分论述到的因液压油管破裂喷出的一部分液压油混合在一块时,松散的铆钉和蒙皮摩擦的结果。

④ 控制系统液压管的破裂。

因为飞机坠毁时受损严重,所以无法确定究竟是控制系统液压管的哪些部分破裂最为严重。

不过,因为连接方向舵动力控制组件(PCP)的液压管是从靠近 BS2540 的机身部分铺设的,沿着垂直尾翼的后扭力盒的后表面一直延伸到垂直安定面的上部,所以不难想象继异常情况出现后,后扭力盒的坍塌和方向舵自上而下的脱落,连接方向舵 PCP 的液压管四个系统在继靠近 BS2540 的机身部分和安定面,或靠近垂直安定面后扭力盒的下半部分之间出现弯曲后也开始断裂了,并导致了液压油外流。

根据相关的调查结果,据估计,应该有一部分液压油喷入了机尾增压舱壁的后部的机身内。

⑤ 后客舱的断裂。

经过调查确定,客舱最后面的盥洗室和该区域内的客舱内部材料均遭到了透过破损的机尾增压舱壁流进来的气流的冲击,导致了增压舱的后部碎裂;因为发现增压舱后部和增压尾翼内部存在大量本来安装在增压舱内部的热绝缘材料,而且在水平尾翼的操作方向支架掉落的地面上还发现了机舱最后端厨房的部分面板以及部分机舱内部材料的碎块。

可以想象其他部分肯定也遭到了破坏,只是无法了解清楚而已。

⑥ 在异常情况出现后的最初阶段内机体碎裂所需的时间。

从机尾增压舱壁碎裂到包括 APU 防火墙在内的尾翼碎裂和大部分垂直尾翼碎裂所需的时间,据估计可以短至几秒钟。

4. 维修差错分析

1) 对在大阪国际机场造成的飞机损伤进行的修理

AAIC 经过调查认为,日本航空公司根据合同的要求让波音公司完成有关于飞机结构的修理工作是正确且天经地义的,毕竟波音公司是该架 747SR-100 飞机的制造商。

从总体上来说,波音公司和日本航空公司针对飞机的该次损伤制定的维修计划也是正确合理的。

当根据维修计划对因该事故而受损变形的机尾增压舱壁的下半部分进行更换时,发现机尾增压舱壁的上腹板和下腹板接头处的铆钉孔周围有的位置切口边距要比维修规划图规定的小。之所以会这样,从某种程度上被认识是在修理机尾增压舱壁的过程中没有充分考虑到防止机身后部变形所致。

就上述情况而言,正确的操作应该是在增压舱壁的上腹板和下腹板之间插入一块拼接板,起到拼接的作用。按照维修计划也应该是这样操作的。然而在实际的修理过程中,具体维修操作和正确的操作方法有所不同,没有使用一块宽度足够的拼接板,而是使用了一块比维修图纸要求的窄的拼接板和一块垫板进行拼接。

维修期间和维修后进行的检查都没有发现上述提及的维修操作失误。

包括对维修过程的检查在内的维修工作的管理方式从某种程度上被认为缺乏足够的

针对性。

据估计在这次维修过程中，L18接头处其中有一部分根据规定是应该用两行铆钉进行拼接的，可实际上却只用了一行铆钉。这导致这一部分的承受力量只有用正确操作方法的70%。因此据估计，这一部分出现疲劳裂纹的可能性就被人为地增大了。

综上所述，有理由相信，当时出事飞机的机尾增压舱壁缺少破损安全能力。

2）B-747飞机的破损安全能力

B-747飞机的破损安全能力是根据当时美国联邦航空局针对运输类飞机制定的相关适航标准设计的。

虽然飞机适航性的相关条款对飞机应该具备的破损安全能力设定了最低要求，但是在罕见或修理不当的情况下它们也无法保证飞机的适航性。

可以想象到该起事故中裂纹之所以会像多米诺骨牌一样接二连三地出现，就是因为事故发生前没有充分考虑到会出现这种情况，采取有效的措施进行规避；虽然飞机制造阶段的破损安全设计和包括服务经历在内的检查和维修手段都恰当合理，符合相关规定。

3）大阪事故之后，出事飞机的飞行运行和维修

从1978年6月1日该架飞机在大阪国际机场事故中机尾受损后到本次事故发生时，该飞机的总飞行时间和飞行次数分别为16196小时和12319航次。

在这段时间内，机尾增压舱壁的L18接头处出现了大量的疲劳裂纹，而且疲劳裂纹主要是在只有一排铆钉的连接处蔓延增多。

该飞机在这段时间内的飞行过程中，被认为既没有出现和本次事故相关的异常现象，也没有出现和此次事故相关的飞行违规现象。

在这段时间内，总共对该架飞机进行了6次C检。在每次C检中，都对飞机进行了目视检查，可是一次也没有发现已经存在于连接L18接头部位的铆钉处的疲劳裂纹。

在进行C检的时候，检查机尾增压舱壁的方法可能是正确的，因为假如舱壁的制造和维修都正确，在进行所谓的C检的时候也想象不到会在那个部位出现了大量的疲劳裂纹。

在某种程度上，检查方法还是被认为有不当之处。因为虽然疲劳裂纹是因为维修不当造成的，可是那些引起机尾压力舱壁撕裂的裂纹毕竟没有通过检查被发现。

5. 安全建议

基于该事故，政府、机构、飞机制造商和相关飞机运行单位自1987年5月31日采取以下措施和应对方法。

1）NTSB向FAA提出以下安全建议

（1）尾部设计修改（安全建议A-85-133）。采取必要措施，使得B-747和B-767飞机尾部不至于在事故中出现严重失效。在该事故中，在正常使用中不受力的尾部承受了极大的压力。

（2）改进液压系统设计（安全建议A-85-134）。改进设计保证全部的4套液压系统在事故中的完整性，在该事故中，正常不受力的尾部承受了极大的压力。

（3）重新评估后压力隔板的破损安全有效性（安全建议A-85-135）。重新评估B-747和B-767后压力隔板的破损安全有效性，对该破损安全有效性进行测试并确认。

（4）对后增压隔板的维修程序进行评估（安全建议A-85-136）。B-747和B-

767后增压隔板目前的维修程序应评估,以确保该维修不影响破损安全这一概念。

(5) 修订后增压隔板的检查方案(安全建议A-85-137)。对于后增压隔板,检查方案应该对可能出现疲劳裂纹的范围进行目视检查。

(6) 评估拱顶形尾部增压隔板的破损安全标准(安全建议A-85-138)。明确运输类飞机全部拱顶形的尾部增压隔板都能满足破损安全标准的评估要求。

(7) 后增压隔板的维修程序评估(安全建议A-85-139)。对所有后增压隔板的维修程序进行评估,确保按维修程序对后增压隔板实施的有关维修不会对破损安全概念构成威胁。

(8) 向经批准的工程相关责任人发布机务维修警告(安全建议A-85-140)。机务维修警告应向经批准的工程相关责任人发布,强调对于极端失效模式或其他破损安全设计标准应充分考虑可能造成的影响。

2) FAA指示美国的B-747运营人和波音公司采取改装和检查措施

(1) 在垂尾上开检修口(适航指令AD86-08-02)。6个月内在尾翼上开检修口,用于查看尾翼,防止尾翼内形成的巨大压力对尾翼结构造成破坏。(根据A-85-133)

(2) 重新评估拱顶形后增压隔板的破损安全有效性。要求波音公司对B-747和B-767后增压隔板的破损安全有效性设计及测试进行重新评估。(根据A-85-135)

(3) 评估拱顶形后增压隔板的维修程序(适航指令AD-85-22-12)。要求运营商查看是否对B-747后增压隔板进行过修理并向波音公司报告结果。

FAA审查了波音公司公布的B-707、B-737、B-747和B-767后增压隔板的维修手册重评结果,没有发现问题。(根据A-85-136)

(4) 审查拱顶形后增压隔板的破损安全标准。FAA运输类飞机审定处(TACD)与主要的飞机制造商组成专门小组,研究NTSB的安全建议,并对滑行重量75000磅以上的大飞机进行审查。通过审查,对结构完整性补充检查文件(SID)中的原检查程序做了修订和补充。

对损伤容限设计也进行了重新评估。(根据A-85-138)

(5) 评估拱顶形后增压隔板维修程序。FAA于1985年12月12日发函要求大型飞机制造商审查拱顶形后增压隔板的维修标准。(根据A-85-139)

(6) 向工程人员发布备忘录。向所有航空器审定办公室(ACO)的工程人员发布关于航空器重要的结构大修备忘录。(根据A-85-140)

(7) 改进液压系统。1985年9月,FAA与波音公司共同发起了B-747改装研究,以防止液压系统在飞机发生重大的结构破坏之后失效。结果表明,通过在液压管线进入垂直安定面的4号液压系统前安装液压保险,就能确保升降舵、副翼、阻流板不会失效。波音公司已经印发了在4号液压系统安装液压保险的服务通告,该通告已列入FAA指令。(与A-85-134相关)

3) 波音公司发布了下列服务通告,同时还对新生产的飞机进行了设计更改和测试等

(1) 安装垂直尾翼检修口(SB747-53A-2264)。波音公司要求对现役飞机的垂直尾翼开检修口,用于查看尾翼。

(2) 改进液压系统(SB747-29-2063)。波音公司要求给现役飞机垂直安定面上的4号液压系统安装液压保险。(根据A-85-134)

（3）重新评估 B-747 和 B-767 后增压隔板的破损安全有效性。1986 年 3 月和 7 月分别对后增压隔板的现有模型和改进模型做了疲劳测试和损伤容限测试。（根据 A-85-135 和-138）

（4）评估后增压隔板的维修程序。波音公司发电报至各运营商，要求对是否做过后增压隔板维修进行检查，并对做过的维修进行详细报告。（根据 A-85-136 和 AD85-22-12）

（5）研发增强型后增压隔板。研发增强型后增压隔板，对现有隔板进行改装。（根据 A-85-135）

（6）复查后增压隔板的检查程序（SB747-53-2275）。波音公司要求在 1000 飞行循环间隙（货机）和 2000 飞行循环间隙（客机）对飞机进行目视检查；20000 飞行循环后，用高精密电涡流、超声波和 X 射线每 2000 飞行循环间隙（货机）和 4000 飞行循环间隙（客机）做详细检查。

对于 747SR，波音公司要求在 2400 飞行循环间隙做目视检查；24000 飞行循环后，用电涡流等在每 4800 飞行循环间隙做详细检查。（根据 A-85-137）

4）日本交通省民航局采取了以下措施保证 B-747 的运行安全

（1）要求对垂直安定面和方向舵进行全面检查。（适航指令 TCD-2483-85）

（2）要求对加压客舱的尾部结构做全面检查。（适航指令 TCD-2483-85）

（3）要求日本所有运营 B-747 飞机的航空公司向波音公司和日本民航局汇报后增压隔板的维修结果，以便对维修程序进行重新评估。（日本民航局文件 Ku-Ken747）

（4）开始实施对日本航空公司维修部的调查并提出服务改进建议，提高运行安全。（1985 年 9 月）

① 对增压飞行次数达到 18000 的 B-747 飞机进行全面检查。

② 审查 C 检及其他维修的检查项目，同时为实施 B-747 机身结构检查改进机身结构检查工作单卡。

③ 制定长期计划，监控由事故及其他原因造成的机身损坏。

④ 审查 B-747 机身结构的抽样检查程序，同时改进对抽样检查结果的技术评估程序。另外，要推进预防性措施的开发制定，防止重大失效的再次发生。

⑤ 确保从维修部到工程策划部都彻底实施了检查要求。

⑥ 执行机身结构检查和维修系统，以及全方位安全促进体系。

（5）将依照服务改进建议进行的日本航空公司波音 747SR 增压客舱结构检查结果通知 FAA，以便其采取进一步改进措施确保飞机的运行安全。

（6）要求对尾翼开检修口，安装检修口盖，防止由于增压气体流入尾翼后部的增压隔板造成尾翼断裂。（适航指令 TCD-2611-86，根据 A-85-133）

（7）要求将 SID 项目作为应对 B-747SR 老龄化问题的措施列入维修规定中。（适航指令 TCD-2736-86,1986 年 10 月 13 日）

5）日本航空公司已经开始或正准备实施以下的改进行动、应对措施等

（1）垂直尾翼设计更改（根据适航指令 TCD2611-86、AD86-08-02 和 A-85-133）。截止到 1985 年 12 月 31 日，已经为所有现役 B-747 飞机垂直尾翼增开检修口。

（2）改进液压系统。截止到 1987 年 5 月底，已经完成对 4 架现役飞机液压系统的保

险安装。其他飞机的液压保险安装工作在1988年3月底前完成。(根据A-85-134)

(3) 评估拱顶形后增压隔板的维修程序。检查现役飞机是否进行了相关维修及维修状况。检查结果均已报告波音公司和日本民航局。(根据A-85-136和139、AD85-22-12、波音公司电报,以及日本民航局文件Ku-Ken747)

(4) 复查后增压隔板检查程序。在对B-747SR的全面检查中对6架飞机实施了电涡流检查。(未发现裂纹)(根据A-85-137)

另外还有两点评论意见。

(1) 鉴于123航班出事后,其FDR上的磁带因撞击受到了损坏,而且在靠近损坏点有许多折痕和细纹,所以以后有必要在增强FRD抗冲击能力方面进一步下工夫。

(2) 出事飞机的CVR的录音时间长度大约为32min16s。虽然该CVR符合相关规格,但是还是发现有些对事故调查非常有用的信息有被清除的痕迹;此外,还有一部分信息很难读出来。因此,在今后有必要通过研究增长CVR的录音时间,并通过改善其系统质量而增加其录音的清晰度。

阿罗哈航空公司 243 航班事故

阿罗哈航空公司曾是在夏威夷群岛内和美国西海岸之间拥有众多航线的一家航空公司(于 2008 年 3 月倒闭)。1988 年 4 月 28 日,该公司一架波音 737-200 飞机执行 243 航班任务,在飞行途中发生机体结构爆裂性失压事故,前机身左侧蒙皮突然爆裂,导致由驾驶舱后方一直到机翼附近的一块长约 5.4m 的蒙皮撕裂,脱离机体。幸运的是,客机在事发 10min 后安全迫降。这次事故造成一名乘务员死亡,另有 8 人重伤,57 人轻伤。

1. 事故叙述

1988 年 4 月 28 日,阿罗哈航空公司一架波音 737-200 飞机(国籍登记号 N73711)执行航班任务。该机的副驾驶与机长分别于当天 5 点和 5 点 10 分报到值勤,首先飞行了檀香山(Honolulu)—希洛(Hilo)—毛伊岛(Maui)—考爱岛(Kauai)的往返航班。这六段航班均平安无事。不过每次飞行前,机组均未进行外部目视检查,美国联邦航空局(FAA)批准的公司手册中也没有这项要求。

11 点,副驾驶换人,机组继续执行了檀香山—毛伊岛—希洛的航班任务。与之前航班一样,飞机未出现系统、动力装置或结构上的不正常情况。

13 点 25 分,该机执行 243 航班,在希洛机场起飞,目的地是檀香山。机上除了两名飞行员之外,还有三名乘务员,一名坐在驾驶舱观察员座椅上的 FAA 空中交通管制员,以及 89 名乘客。

副驾驶作为把杆飞行员操纵飞机起飞、爬升。当飞机爬升到高度 24000 英尺(飞行高度层 240)时,两名飞行员都听到从他们身后传来"轰"的一声巨响,接着是风声。副驾驶回头查看并报告说,有许多碎片,其中还有绝缘线,被吹进了驾驶舱。机长查看发现驾驶舱门不见了,而且头等舱顶部"变成了"蓝天。他立即接过了飞机操纵权。当时飞机有轻微的左右摇摆,同时他感觉到对飞行操纵面的控制"变松了"。

由于飞机失压,两名飞行员和一位管制员均戴上了氧气面罩,机舱里巨大的噪声使他们相互听不清对方说话的声音,因此不得不通过手语进行交流。机长开始紧急下降,将指示空速设定在 280kn~290kn,下降率有时高达 4100 英尺/分。

失压发生时,所有旅客均坐在座位上,"系好安全带"指示灯点亮,但是驾驶内控制客舱氧气面罩的开关不起作用。

由于蒙皮撕裂,机舱泄压,站在通道第 5 排处、距离蒙皮开口最近的 1 号乘务员一下子被吸出了舱外,站在 15 排和 16 排之间的 2 号乘务员摔倒在地上受了轻伤,站在第 2 排处的 3 号乘务员被碎片击中了头部受了重伤。

副驾驶将应答机编码调到 7700,并想与檀香山航路空中交通管制中心(ARTCC)取得联系,告知其改航到最近的毛伊岛卡富鲁伊(kahului)机场降落。但是由于噪声太大,她听不到任何无线电通信的声音,也不知道 ARTCC 是否能听到她的声音。ARTCC 的确也未听到该飞机副驾驶的通信声音,但是在看到 243 航班的 7700 紧急编码后,负责 243 航班的管制员于13点48分15秒开始与该机联系,但是联系了数次均未取得成功。

飞机下降穿过14000英尺高度时,副驾驶将无线电频率切换到毛伊岛塔台所在频率,于13点48分35秒告知塔台飞机出现了紧急失压情况,需要紧急降落,并要求机场做好准备。

在飞机到达平均海平面高度10000英尺时,机长按照空中交通管制速度限制要求开始减速。他放出减速板,摘下氧气面罩,缓缓地将飞机转向毛伊岛卡富鲁伊机场的02号跑道。指示空速降到210kn后,他们能听清对方说话的声音了。

机长指示放出襟翼,起初是位置1,后来是位置5。但是想再继续伸出时,飞机开始有些不可控了。同时机长发现,当指示空速低于170kn时,飞机同样出现不可控的情况,于是机长决定将襟翼放在位置5,指示空速设定在170kn进行进近、着陆。

接下来,副驾驶开始按照机长的指令放出起落架。主起落架位置指示灯亮起,显示主起落架已放下并锁定,但是前起落架位置指示灯却不亮。于是副驾驶选择人工放起落架,但是该绿色的指示灯仍然不亮,而红色的起落架故障灯也没有亮。她又试了一遍人工放起落架,还是没有成功。13点55分05秒,副驾驶告知塔台前起落架未放出,需要机场的所有紧急设备到场。实际上,前起落架已放出并锁上,但是指示灯故障没有点亮,这真是不幸中的万幸。

当机长将油门杆移到进近位时,他发现1号(左侧)发动机失效了,重启也没有反应。在这种情况下,机长操纵飞机在最终进近前的4英里外建立好正常下降形态。伴随着轻微的抖动和振动,飞机于13点58分45秒安全接地,机长使用2号发动机反推和刹车成功地停住了飞机。

事后一名旅客说,她在希洛机场从廊桥登机时看到机身纵向有一个裂口,但是没当回事,因此没有跟航空公司的地面人员和飞行机组说起。

2. 事故调查

事故发生后,美国国家运输安全委员会(NTSB)对阿罗哈事故展开了全面调查,包括现场调查和一系列测试与分析。

1) 现场调查

在现场调查过程中,调查员们查看了机身掀开区域和飞机其他损伤情况。

(1) 机身掀开区域。通常情况下,飞机机身结构主要包含了蒙皮、隔框以及桁条。蒙皮沿纵向在搭接处相连,在搭接处,上蒙皮的金属板材与下蒙皮的金属板材相互搭接大约3英寸。制造飞机时,搭接区域使用黏合剂,并使用三排埋头铆钉进行铆合。

事故飞机的机身掀开区域主要是机身段的上冠蒙皮及结构的主要部分。破损范围从主客舱入口门稍稍偏后的地方开始,向后延伸到大翼前方某处大约18英尺长,即从机体站位(BS)360延伸至大约BS540处;周向始于客舱左侧地板的高度,一直到右侧窗户的高度,即从飞机左侧地板上方(S-15L)开始,沿机身上冠并向下至窗户带上方位置的右侧(S-10R)。窗户带顶部到右侧地板之间的结构严重扭曲并向外弯曲超过90°。该区域的蒙皮已经剥离,隔框、桁条以及窗户锻件都裸露在外。

(2) 飞机其他损伤。两翼前缘受到轻微撞击损伤,右大翼的损伤较为严重。除此之外,两侧安定面以及垂直安定面的下部前缘有几处不规则的凹坑。

双发进气整流罩凹陷,第一级风扇叶片有几片损伤。残余机身结构倚在进气导向叶片上,并嵌入右发的消音板里。

未放出的左发反推系统的钢索系统中的一根钢索和左发启动手柄系统中的一根钢索在滑轮棘轮附近断开,位于左大翼前缘且在发动机吊架的内侧。断开的启动手柄钢索阻止了燃油控制系统向启动位置的运动;断开的反推手柄钢索阻止了发动机推力的增加。左发燃油控制系统处于"关断"位置。对断开钢索的最初检查发现,断裂区域存在严重腐蚀现象。连接驾驶舱到左发吊架之间的钢索索槽一直从地板最上方BS440绕曲处延伸到客舱地板下面。钢索被拆下并送往安全委员会的材料实验室做进一步检查。

机身上冠的分离使顶板内导线束受损,造成驾驶舱里面有一些跳开关跳出。这些跳开关中大多数都与乘客服务组件和厕所线路相关联。饮用水管渗漏,其导管破损。与飞行数据记录器(FDR)相连的皮托管和静压管断开,空调分配管也存在同样的问题。乘客氧气总管已经分离,因此,乘客无法使用氧气系统。然而,飞行机组的氧气系统没有受损,飞行机组和乘客氧气瓶都已经耗尽。双发灭火瓶都是空的,驾驶舱内双发灭火瓶电门都已经按照飞机应急撤离程序开启。

液压系统没有受损。所有的起落架都放下锁上,襟翼和前缘装置都完全放出,扰流板收上,液压油没有损失。对前起落架位置指示器灯组件的检查显示,两个灯泡中的一个烧坏,灯组件从灯座里面稍稍脱开。前起落架指示系统中没有发现其他的异常情况。

增压系统的主(后)外流活门和前外流活门都处于全关状态。前外流活门接收来自主外流活门的信号。增压控制器处于"自动"状态,空/地模式选择器电门位于"飞行"位置。当该电门位于"飞行"位置时,客舱高度控制器会调节主外流活门到"关闭位置"。发动机起动给飞机增压之后,该电门通常设置在"飞行"位置,着陆之后通常设置在"地面"位置。从选择器面板到增压控制器再到外流活门之间所有增压系统的线束都经过了检查,没有发现异常。除此之外,还目视检查了所有部件,包括外流活门、两个释压活门、控制器以及选择器面板,都没有发现异常。

2) 测试与分析

事故调查小组进行了一系列测试与分析。

(1) 对机体结构的涡流探伤和目视检查。一位阿罗哈航空公司的检查者在NTSB的监督之下,对于经选择的机身剩余搭接处实施了事发之后的涡流探伤检查,以断定沿上排铆钉蒙皮的疲劳裂纹的扩展情况。接受检查的区域包括从BS654到BS1016的S-4、S-10以及S-14的左右搭接处。

最初,53个铆钉周围的蒙皮裂纹表明沿S-4L和S-4R存在可目测到的油漆裂纹。为了让铆钉头更加容易辨别,将油漆打磨掉,对蒙皮进行了进一步检查,确认53个铆钉中有28个存在裂纹。油漆层的剥离不是必须的,因为阿罗哈航空公司或者航空业的惯例都不包括用砂纸打磨掉油漆层的做法。在BS737和BS747之间以及BS847和BS867之间,从S-4L切割下了两段搭接处样品供进一步检查。

沿S-10和S-14的涡流探伤检查发现了17条沿S-10L的裂纹,两条沿S-14R的裂纹。这些区域的大部分地方的几处桁条和隔框都有外部加强层补丁。在几个区域,搭接处的埋头铆钉被替换为万向圆头铆钉,大多数位于机身下腹部。

(2) 机体结构材料实验室检查。在相关结构的机身蒙皮上选择的样块被送往NTSB的材料实验室进行分析,这些部位包括搭接处样品以及对接条的样块。

BS360 和 BS420 之间的 S-4R 搭接处样品有两处扩展加强层补丁。补丁被拆下,对其机加工孔裂纹进行了检查,在补丁的下方和补丁之间的上排铆钉孔处发现了扩展疲劳裂纹。实验发现,样块上最长的一条裂纹长度为 0.27 英寸。S-4R 桁条部位包含了三个区域,在该区域,防裂胶带是在第一层搭接处之上被铆接的。三个位置都发现了扩展疲劳裂纹。不仅如此,整个常温黏结搭接处都已经脱胶,有些区域存在轻度到中度甚至重度腐蚀,搭接处附近所有的热黏结防裂胶带都已经脱胶。

从 SB727 到 SB747 以及从 SB847 到 SB867 截下的每个搭接处样品都有 18 排搭接铆钉。实验室实验显示,上排铆钉孔附近蒙皮上出现疲劳裂纹,较大的裂纹位于中舱附近。阿罗哈航空公司技术人员实施的事发后现场涡流探伤的最终结果以及安全委员会的实验室实验结果显示,涡流探伤检查只能检查出大于 0.08 英寸的裂纹。实验室实验发现了 5 条 0.08 英寸的裂纹,而事发后现场检查只发现了 5 条裂纹当中的一条。这个裂纹长度检查门槛值 0.08 英寸与波音无损检测(NDT)手册的描述不一致:"这种检查能够发现埋头紧固件头下面的 0.04 英寸或者更长的裂纹……"

从 BS519 到 BS536 的 S-4L 搭接截片上呈现了沿上排搭接铆钉的连续 16 个铆钉孔疲劳裂纹。同一方向埋头刀刃处最大的单一裂纹为 0.18 英寸。两个方向最大的合并裂纹长度贯穿了一个铆钉孔,测量值为 0.53 英寸。该区域常温黏结搭接处和热黏结防裂胶带都已经脱胶。黏结表面存在轻度到中度的腐蚀。

沿 BS360 的 S-7R 处的对接胶带部位双侧铆钉孔存在环状衍生疲劳裂纹,就在搭接线的前面。铆钉孔之上疲劳区域扩展了 0.09 英寸,铆钉孔以下为 0.03 英寸。

对 1 号发动机控制钢索端断头处进行清洁和检查,每个断头都存在腐蚀;只有一段钢索束不受影响,多数钢索束所有钢丝都存在腐蚀损伤。

(3) FDR 和驾驶舱话音记录器(CVR)。事发飞机选装的是 FAIRCHILD5424 薄型模拟式 FDR,序号为 7172,选装了柯林斯公司的 642C-1 型 CVR,序号为 54。事发后,从飞机上拆下了这两个记录器并送往华盛顿 NTSB 飞行记录器实验室进行检查并读出相关数据。

对 FDR 记录数据的检查发现,从升空到事发当时都正常,指示空速数据在事发当时中断记录并降低到"0"kn 以下,记录器其他参数正常。垂直加速度(G)峰值记录因事故出现偏移,偏移量为 -0.48~+2.95,这些峰值不在正常值范围内。

CVR 记录的释压前通信是正常的。释压后,来自机身开口处的风的噪声影响了驾驶舱的正常对话,当时飞行机组使用了手语。当空速和噪声降低到一定等级后,除了飞行机组间断性使用氧气面罩外,驾驶舱对话恢复正常。

另外,该事故飞机于 1969 年制造,登记号为 N73711,机型为波音 737-297,生产序号为 20209,生产线号为 152,选装了两台普惠 JT8D-9A 发动机,交付日期为 1969 年 5 月 10 日,初始客户是阿罗哈航空公司。事发当时,该飞机累计飞行时间为 35496 小时,飞行循环为 89680 次起落。

3. 事故分析

经过现场调查、一系列测试和分析,以及对阿罗哈航空公司其他飞机进行的普查,调查人员总结了调查中发现的情况。

(1) 飞行机组持有有效证照并满足飞行资质,飞机遵照公司方案和联邦条例放行。

（2）气象条件不是事故诱因。

（3）尽管阿罗哈航空公司遵照联邦航空条例规定的运行许可证和运行规范来运行，但是，阿罗哈航空公司的维修和检查方案不健全。

（4）飞机空调系统、增压系统、气源系统或者电气系统没有预先存在失效或者不工作导致机身失效的迹象。

（5）飞行机组在机体发生结构分离之后的下降过程中使用280KIAS～290KIAS和减速板的行为表明，他们没有使用正确的应急下降检查单，因为该检查单规定，如果结构完整性受到怀疑，应当尽可能限制空速并规避大的机动负载。

（6）客舱地板变形加上在钢索区域所发现的腐蚀现象，导致发动机控制钢索张力增加，造成钢索断裂，致使左发失效。

（7）机身失效始于沿S-10L的搭接处；结构失效的原因是沿着蒙皮搭接处上排铆钉的铆钉孔存在多点疲劳裂纹以及防裂胶带脱胶，导致机身的破损安全性丧失。

（8）疲劳裂纹始于搭接处埋头铆钉孔的刀刃；由于搭接处脱胶，刀刃所集中的应力就通过铆钉传递。

（9）搭接处以及防裂胶带的脱胶是由于飞机制造过程中加工表面的准备和/或黏结材料工艺的加工难度造成的，以及搭接处黏结层环境耐久性较低或黏结不当造成的。

（10）尽管B-737系列飞机机身部分在取证过程中抽样测试了150000个循环，但是，该测试不能反映实际机队的疲劳性能，因为测试参数没有考虑飞机长期服役后出现搭接处脱胶、腐蚀以及疲劳裂纹的情况。

（11）B-737系列飞机搭接处的脱胶是腐蚀以及可能的疲劳裂纹造成的，这在1974年2月8号的波音服务通告（SB）737-53-1039修订版2中有详细阐述；然而，多点严重损伤没有被发现，没有制定永久性解决方案，正确措施应当是制定重复性目视检查和损伤修理的规定。

（12）相当多的信息足以引起阿罗哈航空公司注意到与搭接处黏结层性能衰减有关的裂纹问题，阿罗哈航空公司还应当遵照维修方案发现并修理导致危险状况的裂纹。

（13）应当遵照FAA发布的适航指令AD87-21-08，执行波音紧急服务通告SB737-53A1039修订版3，强制检查所有搭接处，而不是仅仅检查S-4的搭接处。

（14）阿罗哈航空公司是否遵照AD87-21-08适航指令的规定实际执行了涡流探伤检查或者其执行的效果都无法断定。

（15）如果遵照1987年11月颁发的适航指令AD87-21-08正确实施涡流探伤检查，应该能够探测到沿S-4R搭接处上排铆钉孔的扩展疲劳裂纹。

（16）没有要求取得FAA飞机和动力装置执照的维修技术人员具备维修和检查现代化飞机的知识，培训课程没有与时俱进地与航空业的科学技术发展保持同步。

（17）目视检查和无损探伤检查中存在人为因素问题，导致检验员的行为表现水平降低，原本能够检查到的损伤却视而不见。

（18）阿罗哈航空公司管理层没有正确认识检查过程中存在的人为因素问题，而是全力推动和鼓励检验员只注重搭接处检查、腐蚀控制和裂纹检查的关键特性。然而，FAA收到的阿罗哈航空公司事故之后的整个机队的裂纹检查报告表明，类似的搭接处检查和疲劳裂纹检查欠缺或者重视不够在整个航空业都是普遍存在的。

(19) 由于适航指令 AD87-21-08 的说明内容不够精准,导致阿罗哈航空公司的维修人员没有将 S-4R 搭接处的上排埋头铆钉替换为挤压头铆钉。

(20) 在 1987 年对阿罗哈航空公司实施全国航空安全监察计划(NASIP)的过程中,没有反映出公司机队运行的实际适航状况,因为监察组的监察工作不力,没有报告机队的实际情况。

(21) 尽管 FAA 指派到阿罗哈航空公司的维修主任监察员(PMI)积极努力履行他的 FAA 监管任务,但是,由于太过注重其飞行标准地区办公室(FSDO)的职责,却没有适当通告阿罗哈机队的机龄及实际状况或者阿罗哈公司的运行特性。他因此没能起到应有的推动阿罗哈航空公司维修方案得到及时有效改进的作用。

(22) 该 PMI 没有接受过 B-737 飞机搭接处腐蚀和脱胶问题的专门培训。在对阿罗哈公司飞机进行针对波音系列老龄飞机的监察中,他的工作效率因此受到影响,也没能通告在役飞机执行 FAA 航空器审定服务方案以及波音的结构性测试方案的结果。

(23) 对于以超出"条例符合性"的方法推进航空承运人的运行和维修方案的安全改进,主任监察员们有难度,除非有明确的书面强制要求,否则他们只能口头上劝说。

(24) 波音补充结构检查方案(SSIP)没有包括根据损伤容限设计对机身最小厚度蒙皮的补充检查。损伤容限设计将可控的释压情况分为"明显损伤"或者"失效征兆"。

(25) 航空业假定飞机可以在满足明确的安全适航条件下运行,暗示了只要航空公司有有效的检查、腐蚀控制和损伤修理方案就"万事大吉"了。

(26) 现行有效的 FAA 和航空业针对老龄飞机问题的措施必须能持续预防结构性失效造成的事故。

NTSB 具体分析了 B-737 机型存在的不安全设计问题,评估了阿罗哈航空公司在役机型机身测试、使用困难报告信息及其 SSIP,对阿罗哈航空公司的腐蚀控制方案及无损探伤情况进行了深入探讨,分析了 FAA 对阿罗哈航空公司维修部门的监督情况,认为阿罗哈事故的主要原因如下。

(1) 广布疲劳损伤(WFD)的形成与扩展导致最终的灾难性事故。在脱胶和腐蚀损伤没有被检查发现的情况下,由于铆钉载荷的增加,以及铆钉孔刀刃效应的存在,使得机身蒙皮搭接处同一排紧固孔中可能同时萌生多条裂纹。这种损伤是典型的多点损伤(MSD),属于 WFD 的一种。蒙皮搭接接头处的 MSD 对结构的安全性和可靠性将产生不利影响,主要表现在两个方面:①裂纹产生相互影响,尤其是在裂纹扩展后期会产生强烈的干涉而导致应力强度因子剧增,加速裂纹扩展速率,使裂纹扩展时间变短;②裂纹存在相互连通,临界裂纹尺寸减小,从而使 MSD 从初始损伤扩展到临界尺寸的裂纹扩展时间要比单一裂纹短得多。一旦萌生 MSD,结构的损伤容限能力就会降低,破损安全性不复存在。

(2) 波音公司没有及时提出飞机改装建议。在 1971 年发现机身蒙皮出现腐蚀,并可能影响结构安全性时,波音公司进行了有针对性的研究,并改进了设计。同时,波音公司发布了几个 B-737 的服务通告,强调了机身蒙皮壁板的腐蚀检测与维修,蒙皮搭接部位的脱胶与维修,以及蒙皮搭接部位的疲劳裂纹检测等。同时,从 1972 年 4 月开始,改进了结构设计。但是,波音公司没有对已出厂飞机提出相应的改装建议和要求。

(3) 阿罗哈公司的维修能力有问题。该公司未能将蒙皮接合处明显的脱胶、腐蚀、疲劳损伤检查出来。事实上,该机在失事前刚做了结构检查;阿罗哈航空公司管理层对维修人力资源的管理不当;阿罗哈航空公司没有按FAA适航指令87-21-08的要求执行波音紧急服务通告SB737-53A1039,检查所有搭接处;发现早期B-737机型常温黏结搭接的缺陷后没有采取全面、果断的措施,导致了较低的黏结耐久性、腐蚀以及提早出现疲劳裂纹。

(4) FAA对制造商和营运人的监管不力。在制造商报告黏结连接可能导致较低的耐久性、腐蚀、裂纹后,FAA没有采取充分的行动。事故的诱因是FAA对阿罗哈航空公司维修方案的评估不当,对该公司的深入检查不当,以及对公司质量控制不力的情况监管不当。

4. 维修差错分析

1) 阿罗哈航空公司维修计划

NTSB找出了阿罗哈航空公司维修计划中值得关注的三类因素:结构性检查工作之间的飞行循环累积过长;检查工作之间的延长期限过长,足以导致搭接处脱胶,产生腐蚀以及疲劳;长间隔的结构性检查方案的实施方法。

阿罗哈航空公司B-737机队经FAA批准的满足持续适航要求的结构D检间隔为15000小时,与波音公司建议的20000小时间隔相比还有些裕度。然而,由于每日短航线航班比较多,阿罗哈航空公司飞机的飞行循环累加率超过了波音公司制定维修计划文件(MPD)时的预测值。阿罗哈航空公司的飞机利用率记录表明,其飞机大约每小时飞3个循环。波音经济设计寿命预测值是基于每飞行小时大约1.5个循环。因此,阿罗哈航空公司飞机的累积飞行循环是波音MPD设计值的两倍。

2) 检查的有效性

NTSB认为,阿罗哈航空公司检查方案的有效性受到了时间和人力资源以及工作计划方式不当的影响。

对N73711号飞机残留部分S-4R机身结构的检查表明,执行1987年11月适航指令AD87-21-08后,S-4R搭接处经过了检查和修理。当时,目视检查到了裂纹并完成了两次修理。尽管阿罗哈航空公司维修人员称,已经按照适航指令的要求完成了蒙皮上剩余铆钉的涡流探伤检查,但是,维修记录显示检查工作不彻底。

两次修理间隔之间对搭接处的初始检查表明,从顶排铆钉的紧固件孔产生的疲劳裂纹是可以目视检查到的。实验室检查结果呈现出更多的裂纹,都在需要实施涡流探伤检查的范围内。除此之外,还注意到,修理间隔之间以及修理前后仍发现了上排铆钉为初期构型的埋头铆钉。

当检验员执行适航指令的时候,有几种可能性无法发现N73711号飞机S-4R搭接处的可探测裂纹,尽管有文件显示该区域经过无损探伤检查,而且两名检验员各自执行了目视检查。首先,和目视检查任务相关的人为因素是诱因之一。某个人在完成关键工作的时候可以表现得很好;但当要求他去完成重复性的工作时,一些因素诸如期望的结果、缺乏兴趣、任务的时间长度、在执行检查任务时被打断以及环境条件,都会影响行为表现的可靠性。

维修和检查过程中其他可能影响人为因素的诱因包括生物节律对人的行为表现的影响。航线维修工作经常在夜间以及早晨进行;一天当中的某些时段对人的行为表现造成不利影响。如果工作计划考虑到牺牲睡眠、不规律工作以及生物节律因素对于机械员和检验员行为表现的影响,那么维修计划就会是最有效的。

3) 阿罗哈航空公司腐蚀控制方案

阿罗哈航空公司飞机维修和检查方案以及政策和程序显然对其飞机的腐蚀控制产生了很大的影响。按照飞机的维修记录,已经发现了搭接处和其他区域的腐蚀,但是纠正措施却再三保留,没有记录这些保留的基本信息。例行检查工卡包含对特殊区域"检查腐蚀情况"的规定,但是整架飞机腐蚀预防和控制程序化的方法不清晰。显而易见,甚至当阿罗哈航空公司的人员发现了搭接处和防裂胶带有腐蚀现象时,检验员和维修部经理都没有意识到明显的损伤及其给搭接处的整体性、防裂胶带的功效以及整架飞机的适航性带来的威胁。

NTSB 还很关注事发过程中左发非指令性停车的情况。左发燃油控制处于"关断"位置,这显然不是飞行机组人为设置的,而是由未断裂的钢索的剩余应力或者由于客舱地板的偏斜造成的钢索的位移造成的,因为钢索从地板下穿过。

由于地板挠曲处最上方点位于客舱内的 BS440,因此油门钢索失效的实际位置无法确定。除此之外,断开的钢索束末端无法拆解开来,这正是钢索因过载失去张力的特性所致。当把相应的钢索从飞机上拆下并仔细检查后,发现了腐蚀现象。这些检查由进一步的实验室实验证实,很多单独的钢索束受腐蚀影响,其直径明显变细。腐蚀减弱了钢索的韧性,使钢索低于设计载荷的某个值,在受到地板梁左侧的位移拉伸后断开。铺设在大翼前缘的右发钢索也出现表面腐蚀现象,右侧钢索之所以未受损伤,是因为在飞机蒙皮撕开过程中客舱右侧地板梁的挠曲量较小。

油门钢索的受损情况显示,这与波音 1977 年 8 月 25 日服务信函描述的腐蚀类型相吻合,该服务信函的颁发源于阿罗哈航空公司发现了碳钢反推控制钢索存在腐蚀和磨损情况,7 根钢索束中有 5 根报告完好无损,而这 5 根钢索束也存在腐蚀,腐蚀现象蔓延至整条铺设在大翼前缘的钢索。

波音建议采取措施,1977 年 9 月交付的生产线号 503 之后的飞机替换掉碳钢材料的发动机控制钢索,取而代之的是不锈钢钢索。波音建议,对于生产线号 1~502 的飞机,相关航空公司按要求替换掉原始的碳钢钢索。当时,按照服务信函进行过改装的飞机数量无法精确统计。实验室对 N73711 飞机断裂钢索进行的实验确认,该钢索属于原始的碳钢型钢索。NTSB 认为,阿罗哈航空公司没有采纳生产厂家关于这些钢索问题的纠改措施建议。

记录显示,阿罗哈维修人员发现了腐蚀问题,并且,有时修理的保留没有经过适航经理或者按照结构修理手册的适用内容进行全方位评估。

4) 工程技术服务

事发当时,就像其他小型航空公司一样,阿罗哈航空公司根本没有设置工程技术这个部门,大型的航空公司工程部门的职责在阿罗哈航空公司则由其质量保证部门来代责。尤其值得注意的是,尽管阿罗哈航空公司能证明其已经在维修计划中采纳了修订版 2 的波音服务通告 SB737-53-1039,但是,阿罗哈航空公司机队的总体状况表明,其飞行员和航线维修人员都将腐蚀损伤不断发展的情况视为正常的运行条件。

5. 安全建议

作为事故调查结论，NTSB 提出了以下安全建议。

1）给 FAA 的安全建议

（1）给 PMI 提供特殊指南和适当的工程技术支援，以评估构成主要维修检验方案的飞机维修方案和操作技术规范的修订。

（2）找出那些其飞机实际使用中的飞行循环、飞行小时与 MPD 预期值差异很大的航空公司，并证实其维修方案能够针对飞行循环和飞行小时的不足做出及时的诊断。

（3）修订针对航空维修技术学校结业证以及机身及动力装置机械人员执照的规则，对课程和测试的要求应当包括当代航空工业技术。

（4）要求航空维修检验员持有正规的结业证并接受现行有效的培训，能够胜任无损探伤检验。正规的培训应当包括实习期以及定期的技能实操。

（5）要求航空公司提供维护人员和检验员各种条件下特定的培训方案，必须实施目视检查。要求航空公司定期测试人员准确判断故障的能力。

（6）制定 B-737 机型的持续检查方案，其中引入搭接永久性固定措施（将挤压头紧固件安装在所有搭接层的上排），以判明在机身搭接处的中排或下排紧固件孔处的裂纹发展情况，并确定检查种类、检查间隔以及为持续适航所采取的措施。

（7）制定针对综合性腐蚀控制方案的机型方案，以涵盖每一家航空公司经批准的维修方案。

（8）针对选装了碳钢材料的发动机控制钢索的 B-737 飞机颁发适航指令，定期检查钢索有无腐蚀迹象，如果有，则采取波音服务信函 737-SL-76-2-A 所规定的措施。

（9）要求航空承运人的维修部门采取制造厂家或其他机构的可行性工程技术服务方法，定期评估维护实施方法，包括结构修理、适航指令以及服务通告的符合性、检查和质量保证体系以及总体持续适航性的效果。

（10）修改 NASIP 的目标，要求监察员不仅评估纸质文件，还要评估机群正在实施的维护以及机坪运行的实际情况。

（11）要求 NASIP 团队当发现航空公司维修过程中有低于机队满意度的情况出现时，找出存在的相关系统差异。

（12）评估作为 NASIP 的一部分、由主任监察员提供的 FAA 监管品质。

（13）要求美国 NASIP 小组组长参加到事故调查结果的收尾工作中来。

（14）通过以下措施提升主任监察员的能力和表现：①正规的培训和指南；②来自总部主任监察员的大力鼓励和支持，确保航空承运人的安全水平高于规章的最低标准；③提升监管品质的可量化性；④来自总部的标准化监管措施的补充帮助。

（15）要求所有运输类涡喷飞机以后取证时，最少接受预计经济服役寿命两倍的全方位结构疲劳测试。不仅如此，要求所有已经取证而未做两倍寿命疲劳测试的运输类涡喷飞机进行上述测试。针对测试结果及后续检查和飞行，要求制造厂家找出存在多点损伤的可疑结构，并采用适用于此类损伤的检查方案。

（16）在补充结构检查文件中不再将机身蒙皮归类为"失效迹象"或者"明显损伤"。除此之外，对于明显损伤类别，评估所有的重要结构项目以识别补充检查方案中规定的可能性。

2）给阿罗哈航空公司的安全建议

（1）修订维修方案，找出机队运行高频率、高循环的特点，并根据实际可接受的日历时间和飞行循环间隔，实施维修检查和大修。

（2）制定并实施腐蚀预防和控制方案，抵御不利运行环境，提供最大限度的保护。

（3）改变并补充技术部门的人力资源和组织机构，提供必须的管理、质量保证、工程技术、技术培训和生产一线人员，保持机队高度适航。

3）给航空运输协会的安全建议

协助成员航空承运人建立维修部门的工程技术服务小组，评估维护实施任务，包括结构修理、与适航指令及服务通告的符合性、检查效果和质量保证，以及持续适航方案的总体有效性。

4）给飞机制造厂家的安全建议

飞机制造商作为民用飞机适航性的第一责任人，应当对飞机的安全性负直接责任。民用飞机制造商在型号合格审定过程中承担相应的适航责任，包括提交型号设计、试验报告和各种计算，开展制造符合性检查和符合性验证工作，以证明申请型号合格审定的民用航空产品符合适航规章和环境保护要求，以及民航当局适航部门规定的专用条件。

此外，在飞机交付用户使用后，制造商还应主动、及时收集航空器使用过程中发生的重大故障或多发故障资料，分析可能存在的航空器设计缺陷和制造缺陷，提出改装方案，根据需要，编发服务信函、服务通告，或紧急服务通告，确保交付给用户的航空器始终处于安全可用状态。紧急服务通告应向适航当局报告。如果适航管理当局认为该问题应该以适航指令形式发布，则制造商还应根据局方的要求，为编写适航指令提供技术帮助。

英国航空公司 BA5390 航班事故

1990年6月10日,英国航空公司一架 BAC-111 飞机执行 BA5390 定期航班任务,空中机长一侧的风挡玻璃脱落,机长险些被吸出窗外。飞机紧急下降,最终安全降落在英国南安普顿机场。机长受伤较重,一名乘务员轻伤,其他人员没有受伤。

1. 事故叙述

这是航空史上一起典型的、颇具戏剧性的、有惊有险而最终化险为夷的事故,看事故的经过就像看一部飞行惊险片。

1990年6月10日,英国航空公司一架 BAC-111 飞机执行 BA5390 定期航班任务,于早上7点20分从伯明翰国际机场起飞,前往西班牙马拉加(Malaga)。机上有81名乘客,2名飞行机组和4名乘务员。在起飞阶段由副驾驶作为把杆飞行员,进入爬升阶段后,机长开始按照运营人的正常操作程序操纵飞机。飞机按照雷达指引,保持195°磁航向。在这个阶段,两名飞行员都松开了肩带,并且机长还把安全带的腰带也松开了。

7点33分,飞机爬升到17300英尺压力高度。正当乘务员准备供应餐食和饮料时,突然听到"砰"的一声巨响,机舱内顿时充满了浓雾。乘务员立即明显感到出现强烈的失压,并发现左风挡玻璃刹那之间就被吹掉了,机长的上半个身子也瞬间被吸出窗外,驾驶舱门被吹到了飞行操纵台前,平扣在无线电和导航控制台上。在这千钧一发之际,位于驾驶舱门旁的3号乘务员立即冲到操纵台前,拦腰抱住机长。接着,乘务长也冲了进来,挪开了驾驶舱门,去掉了碎片,并放到前卫生间里。其他两名乘务员按照副驾驶的指令,指示乘客系好安全带,消除他们的恐惧和疑虑,并指导他们摆好应急保护姿势。

在这紧要关头,副驾驶表现得机智冷静。他首先尽一切努力接管并控制住飞机,接着就迅速使飞机高度下降到飞行高度层(FL)110(11000英尺)。然后重新接通自动驾驶仪,因为在机长部分身体被吸到窗外时,操纵杆被撞偏了位置,使自动驾驶仪断开了。在完成了这些操作程序后,副驾驶就在他使用的频率上发出了呼救信号。但是由于驾驶舱里的气流噪声太大,他听不到对方的回答。同时,由于双向通话建立延迟,伦敦空中交通管制中心布里斯托尔(Bristol)扇区的空中交通管制员没有立即意识到紧急状态的性质,从而间接导致了伦敦管制中心的值班主任未能将该事件通知航空器运营人,结果使得英国航空公司应急信息中心的应急计划启动也相应推迟了。

这时,乘务长再次进入驾驶舱,他用安全带将自己的手臂固定在位于左侧飞行员座椅后部的第四位飞行员折叠座椅上,这样就能够协助3号乘务员拽住机长,两个人努力试图将机长拉回到飞机里。但是尽管他们从左侧的直接观察窗能够看到他的头部和躯干,但是由于强烈的滑流作用,他们始终无能为力。2号乘务员也进到驾驶舱,来替换3号乘务员,因为眼看着3号乘务员的双臂越来越没有力气了。3号乘务员用力的时间太长了,而且除了被风挡玻璃划伤外,还被冻伤了。机长的右腿卡在驾驶舱拦板与操纵杆之间,左腿插在座椅的椅垫里。2号乘务员把自己捆绑在左侧折叠座椅上,距离刚好能够抓住机长的双腿。他将机长的两腿挪了出来,但是还没等他抓住机长的双腿时,机长的身体又向窗框外移动了6英寸~8英寸的样子。2号乘务员赶紧抓住机长的两个脚踝,就这样用力抓着直到飞机着陆。

在乘务员用力拽住机长的同时,飞机在不断地降低高度,已经降到飞行高度层100,并缓慢减速到150kn。副驾驶之前要求雷达引导至最近的机场,并已将航向转到了南安普顿机场,最后转换了进场频率。在确认跑道有足够的长度进行着陆后,副驾驶操纵飞机进到目视五边,对准02号跑道,成功着陆。7点55分,副驾驶将飞机停在了跑道上,发动机关车,只保留他在下降过程中启动的辅助动力装置继续工作,以便向某些飞机系统提供必要的电力。当飞机停稳后,乘客就赶紧分别从前、后两个登机梯撤离飞机。机场和当地消防服务人员迅速把机长救下来,先安置在飞机里,然后由救护车送到南安普顿综合医院。经诊断发现,他的右臂和手腕以及左手拇指骨折,并且身上还有挫伤、冻伤和撞伤。其他机组人员和旅客也经过了医疗检查,除了一名乘务员手臂上有划伤和挫伤外,没有其他人员受伤。

当然,飞机也受到一定程度的损伤:飞行员的左风挡玻璃丢失,在其窗框上发现了一个固定螺栓。这是个旧的埋头螺栓,其埋头部分已经拉穿了风挡玻璃。窗框经检查发现没有变形,状态良好。另外,从机身顶部前端位置伸展到接近机尾整流锥位置的高频天线丢失,其安装座也已损坏;在机身左侧顶部、机翼应急出口上方大约3英尺处有约计3英寸长的压痕;在驾驶舱里也有几处小的损伤。总体来说,飞机整体还是完好的。

就这样,经过全体机组人员的奋力拼搏,这惊险的一幕最终没能酿成一场航空灾难,挽救了乘客,挽救了飞机。

2. 事故调查

英国航空事故调查局在接到事故通知后,在事故当日就组织了调查组,赶赴事故现场。针对事故的性质,调查组从两个方面展开了全面调查。

1) 关于驾驶舱风挡玻璃

调查组从设计人员那里了解到,事故飞机的风挡玻璃采用的不是"内部插入"的设计原理,即从内部安装,靠座舱压力有效地固定和保持,而是从外部安装,靠90个同样从外部安装的埋头螺栓固定。使用这么大量的螺栓是为了防止内部增压气体从窗缝泄漏。而这种外部安装的设计无疑对安装风挡玻璃使用的紧固件(即固定螺栓)以及施工工艺的要求就更为严格。

调查组在牛津郡的邱尔塞(Cholsey)区域找到了在空中丢失的左侧风挡玻璃,一同找到的还有风挡玻璃外侧角支撑固定整流条和一些固定螺栓。

用来将风挡玻璃固定到飞机上的90个螺栓中,尚有11个仍然留在风挡玻璃上,在风挡玻璃坠地处附近找到了18个松脱下来的螺栓,另外前面说过,还有一个螺栓保持在飞机的窗框上。

在这30个找到的螺栓中,有26个是新的,其零件号按照英国标准为A211-8C,其他4个是已用过的旧螺栓,零件号为A211-7D。而按照飞机的图解零件目录(IPC)的规定,风挡玻璃所用的固定螺栓的零件号应当为A211-8D。这些螺栓的技术规范如表1所列。

表 1　螺栓的技术规范

零件号	栓体长度/英寸	直径/英寸	螺纹规格
A211-8D	0.8	0.1865~0.1895	10UNF(统一标准细牙螺纹)
A211-8C	0.8	0.1606~0.1639	8UNC(统一标准粗牙螺纹)
A211-7D	0.7	0.1865~0.1895	10UNF

这些螺栓应当与安装在风挡玻璃框架内侧、螺纹规格为 10UNF 的 Kaylock 游动自锁托板螺帽连接。通过调查,调查人员发现,施工人员在更换左风挡玻璃时,使用了 84 个 A211-8C 螺栓,其直径比规定的 A211-8D 螺栓的小了 0.026 英寸,只不过长度相同。还用了 6 个旧的 A211-7D 螺栓,其直径与规定的螺栓直径相同,但是长度上短了 0.1 英寸。

左风挡玻璃更换是在 1990 年 6 月 8 日—9 日的夜班完成的,事故航班是更换风挡玻璃后的第一次飞行。在调查期间,在维修施工区域找到了 80 个固定旧风挡玻璃用的螺栓,其中 78 个为 A211-7D,其余 2 个是 A211-8D,这说明旧的风挡玻璃用的固定螺栓多数也不符合规格。

调查组还用 8UNC 和 10UNF 的埋头螺栓与 10UNF 的托板螺帽分别做固定连接试验和研究,综合试验结果表明:用 8UNC 的螺栓与 10UNF 的 Kaylock 自锁螺帽固定连接,其最大的扭力为 12 lbf·in(磅力英寸),螺纹滑丝平均拧紧力矩为 4.7 lbf·in。

同时,用 10UNF 的螺栓在 10UNF 的 Kaylock 自锁托板螺帽上也做过同样的试验,结果发现拧紧力矩在 10 lbf·in~11 lbf·in 范围内。

据了解,在维修施工现场,负责更换风挡玻璃的是当晚的值班维修经理,他拥有在皇家空军服役 10 年的经历,后受聘于英国航空公司已有 23 年,堪称是一位资深的工程师,深受飞行机组和业内同仁的尊敬。但是由于他的自信和粗心,在施工过程中却犯了许多人为差错,以至于导致了事故发生,这在"维修差错分析"一节中还会详细说明。

2)关于事故风险和机组的应对措施

调查组对事故飞机上的飞行数据记录器(FDR)所记录的数据进行了解读与分析。记录数据表明,风挡玻璃脱离机体是在飞机正以 300KIAS 爬升穿过 17300 英尺高度。当时,可能是由于机长身体突然出现了位移,操纵杆出现了前推,飞机有 6°机头下俯,向右倾斜 25°。当副驾驶迅速接管飞机控制后,他关闭了两个油门,飞机以每分钟 4600 英尺的速度朝飞行高度层 110 下降,此下降过程使飞行速度得以增加到 340kn。在到达该高度层后,他又把飞行速度降低到 266kn,并且按照正常操作程序放下襟翼,飞行速度进一步降低到 163kn。然后,他施加一定功率来保持这一高度和速度。从机舱失压到飞机到达飞行高度层 110 后平飞,共用了 148s 的时间。

事故后,据机长回忆,飞机机舱泄压后,他发现自己的上半个身子从风挡玻璃框中伸出了机舱外。他在飞机外面仰面朝天,就像是躺在驾驶舱外部的上表面上。在意识到还能呼吸后,他就坚持呼吸,直到后来失去了意识。飞机着陆后,当消防和救护人员在把他安置在驾驶舱里,尚未送往医院前,他才苏醒过来。

在当时那种情况下,副驾驶和机组成员都认为机长幸存的可能性极小,直到后来飞机降到了大约3000英尺高度时,发现机长踢了下腿,他们才消除了这种疑虑。

飞机没有配备自动供氧系统,但是应急用的氧气系统还是有的。但是,在副驾驶接管控制飞机后,之所以自己没有戴上氧气面罩,也没有让其他机组人员戴上氧气面罩,基于两点理由:第一,他清醒地意识到飞机很快就会降到飞行高度层100,也就不需要供氧了;第二,便于与其他机组保持通话联系,应对风险。

调查组通过航空医学实验室研究分析认为,飞机迅速泄压后,影响机上乘员生命安全的关键因素是泄压时间和最终座舱高度,而影响机长生命安全的关键因素,除了这两点外,还有低温和位于机舱外部的身体所受到的空气动力的作用。

计算表明,飞机泄压过程的持续时间可能在1.13s～1.46s的范围,随后飞机在副驾驶的努力控制下迅速改变姿态,降低高度。分析认为,这时座舱高度不可能大于13000英尺～13500英尺,随着高度继续降低,缺氧的状况逐渐好转,保障了乘客和机组的安全。

在飞机泄压的瞬间,作用在机长身上的力是座舱内部和外部之间的压力差,经计算得出,该力可达到大约5357磅(这取决于靠近窗口的距离远近),足以把一个70kg重的人推出窗外。幸好在机组人员的奋力保护下,机长未被完全推出窗外,从而保住了性命。

3. 事故分析

1)事故的发生与演变

如前所述,当机组面临突如其来的紧急情况时,他们个个都表现得临危不惧,反应敏捷,齐心协力,决不放弃,终于使飞机安全着陆,转危为安,避免了一场重大的灾难性事故。从事故的发生到化险为夷,机组人员功不可没,值得认真分析和总结。

在左风挡玻璃丢失之前,飞机还是平稳地按照公司的正常程序飞行。在进入到爬升阶段接近平飞时,为了舒适、减轻疲劳,机长和副驾驶都松开了肩带,机长还把腰带也松开了,因为他知道,飞机马上就要进入前往马拉加的大约两个小时的巡航飞行阶段。机长和副驾驶的行为都无不妥。因此,当情况一发生,机长的上半个身子就一下子被推出窗外,似乎也是必然的,因为他靠近左侧风挡,又未系安全带,而且他的身体轻。但是不能断定是什么因素当时阻止了他被全部推出机舱外。不过当时有这样一个情况,就是2号乘务员发现机长的右腿被夹在了操纵杆和驾驶舱拦板之间,左腿插在座椅的椅垫里,后来他将机长的两腿挪了出来,并一直握住他的两个脚踝,直到飞机安全着陆。这说明,有可能在事故初发阶段,机长正是因为其双腿被夹住,才没有被气流完全推出机舱外。

幸运的是,副驾驶是一位有经验的飞行员,他飞行BAC-111系列飞机已有1000多个小时。事实证明,他也是一位非常敬业、各方面素质很高的飞行员,在面对机舱迅速泄压和把杆飞行员丧失能力的双重紧急情况下,在孤立无援的情况下,也就是既没有机长的协助,也没有空中交通管制的协助,他立即接管了飞机,凭着个人能力完成了正常操作程序。他打消了戴上氧气面罩的念头,是为了向客舱机组大声喊话,发出指令,对付紧急局面。他之所以敢于这样做,是因为他清醒地意识到,飞机高度很快就会降低到13000英尺～13500英尺以下,换句话说,如果这时飞机高度在20000英尺以上,那么由于空气稀薄,他必须戴上氧气面罩,否则他自己就会失去控制飞机的能力。

2）导致事故发生的直接因素

一个新的、完好的风挡玻璃在被安装到飞机上不到 27 个小时，在第一次上天时就在高空中从飞机上脱落下来，这是为什么？

众所周知，风挡玻璃是增压舱的重要部件，其气密性、牢固性和抗压强度要求都是很严格的，其装配工艺要求更是十分严格，这一点对于一个有声望的资深工程师——值班维修经理来说，应当是非常清楚的。然而，就是这位值班维修经理，在 6 月 8 日—9 日的夜班更换风挡玻璃时，却犯了一系列错误，而正是这些人为差错才导致了事故的发生。

按照设计要求和维修手册的规定，从外部安装左风挡玻璃需要用 90 个 A211 – 8D 型埋头螺栓来固定。但是值班维修经理在施工作业时却忽视了文件要求，他发现从旧风挡玻璃上拆下的螺栓大部分都是 A211 – 7D，就武断地认为应当使用 A211 – 7D 型埋头螺栓。但是，退一步说，他即便使用了 A211 – 7D，也还不会构成真正的事件链，因为 A211 – 7D 和 A211 – 8D 螺栓毕竟直径相同，只是长度上稍短了一些。调查组曾做过试验，结果发现，用 A211 – 7D 螺栓安装的风挡玻璃在飞行 100 个小时后重新拧紧时，固定螺栓普遍存在松动迹象，但是风挡玻璃并没有掉落。而且调查发现，在先前安装的风挡玻璃上所用的螺栓几乎都是 A211 – 7D，在此次更换前至少已持续使用了四年之久。

值班维修经理随后接二连三的错误才真正构成了本次事故的事件链。首先，由于在公司东部机库的仓库里未找到足够数量的 A211 – 7D 埋头螺栓，因此，他又到国际航班登机走廊下面的仓库里找出了 84 个直径不符合要求的新的 A211 – 8C 螺栓和 6 个新的 A211 – 9D 螺栓。但是安装时发现 6 个新的 A211 – 9D 螺栓太长，用不上，只好用了 6 个旧的 A211 – 7D 螺栓。且不说他采用的工装与工具以及施工工艺的问题，单就所用的这 84 个 A211 – 8C 螺栓就足以构成导致事故发生的要件。按照飞机工程方面的普通常识，作为一种重要的紧固件——埋头螺栓和与之配套使用的自锁螺帽，在装配使用时不仅直径要求保持一致，而且螺纹规格也要保持一致，同时也应当与风挡玻璃安装框上事先钻好的螺栓孔和锪窝保持一致。维修手册规定使用 A211 – 8D 螺栓，也就是说，风挡玻璃安装框上事先钻好的螺栓孔和锪窝的大小是与 A211 – 8D 相匹配的。这样，在安装的过程中，当达到一定扭力时，椭圆形的托板自锁螺帽才能被撑圆，从而达到自锁的目的，安装才会牢固，并且锪窝填满，保证表面光度。

然而，值班维修经理所用的 84 个 A211 – 8C 螺栓不仅与 A211 – 8D 螺栓的直径不同，小了 0.026 英寸，而且其螺纹规格也不同，前者是 8UNF，即 8 型统一标准粗牙螺纹，后者是 10 型统一标准细牙螺纹，而且螺栓的埋头大小也不同，前者小后者大。使用如此不匹配的埋头螺栓，任凭如何用力去拧，恐怕也难以拧紧，锪窝永远不会填满，表面光度也不会得到保证，更谈不上安装的牢固性，那么，它的密封性和抗压强度就更难以保证。这样安装上的风挡玻璃，即使是在汽车上也经不住颠簸，更何况在飞机上，在空气稀薄的高空，怎么能经得住增压舱内外强大的压力差呢？

此外，值班维修经理在安装风挡玻璃时还错上加错。他没有使用稳固且定位准确的施工平台，而是使用普通的带护栏的安全升降梯，既不稳固也不能准确定位。这种升降梯用来完成擦洗玻璃或装卸货物等工作还是可以的，但是用来完成像安装风挡玻璃这类精细工作是不适合的,是违反操作规程的。另外,他用的安装工具也不适合。他使用的是双六角钻套,在拧紧时,有时刀头会掉下来,并且还会把螺栓头盖住。因此,他不得不歪探着身子,一手扶住刀头,一手拧紧,实在别扭。作为值班经理,他难道不知道他的这一切行为都是违规行为吗?按照常理分析,他应当是知道的,但是他还是知错犯错,因为他有一个错误的概念,认为这样做只不过是"一次性"错误,不会出什么大问题。然而,他错了,遗憾的是,他的错误不是犯在了一个普通的飞机部件上,而是犯在了一个特殊的、关键的部件上。如果是一个一般的飞机部件,他的错误在一段时间内也许不会暴露出来,但是,对于风挡玻璃来说就不一样了。风挡玻璃是增压舱的关键部件,需要承受因座舱增压导致的机舱内外强大的压力差。这些装配错误导致了风挡玻璃无法承受座舱内外强大的压力差,因此飞机一到高空,它便立刻还以颜色!

调查组分析认为,对于值班维修经理来说,这些差错本来是有很多机会被发现并予以避免的。譬如选用什么样的螺栓,只要他认真看一下维修手册,仔细查看 IPC,或者上网查询工程总库存资源管理系统(TIME)等,都能找到正确的答案。即使螺栓选错了,在施工过程中也有些明显的迹象提示,例如:用了新的螺栓,埋头孔的锪窝明显未填满。但是对任何提示,甚至东部机库的仓库主任的郑重提醒,他都置之不理,充耳不闻,我行我素,似乎明知故犯。

对此,调查组根据任意出错理论和系统缺陷理论进一步分析了他的差错根源。调查组认为,他所犯的错误既有任意性的问题,也有系统管理层面的问题。任意性问题多是人为差错,含有一定的偶然性,先前没有征兆警示管理和监督部门予以重视。

但是,任何大错都是由小错聚集成的。按照系统缺陷理论统计分析,从小错到大错,以至于导致严重的事故,二者之间的比率可高达 600:1。调查组的飞行心理学家对该值班维修经理的一连串错误行为进行过分析,认为此人办事讲究实效,做事还算认真,但很不细心,有时单凭经验,主观臆断,过于自信,而且因为太讲究实效,往往愿意追求走捷径。他的这些缺点决非一日形成,也不是仅此一次。按照 600:1 的比率推断,可见他在日常工作中小错一定不断,但是由于公司系统层面本身的缺陷,对他的这类看似很小的毛病没有及时监督、发现、反馈和纠正,反而因为他工作有成效给了他一些荣誉,这更助长了他的自信、主观和自负。所以,在那天夜班,他会很自然地完全凭借他 23 年间 6 次更换风挡玻璃的一点经验,就擅自做主,在无人监督的情况下,自己"操刀"安装风挡玻璃,而且安装后,靠所谓"自我审查",未经第二人检验就放行了飞机。

总之,他的错误类型应该是系统性缺陷与任意性差错的结合。系统性因素在一定时间内迁就了值班维修经理违反操作程序和使用不适当工具,而任意性因素促使他做出了一系列的人为差错。

至于航空公司的管理系统缺陷,下面我们就详细讨论。

3) 导致事故发生的间接因素

这次事故的发生充分暴露了英国航空公司在管理系统和文件体系上存在的一些重大缺陷,这些缺陷在客观上迎合或迁就了值班维修经理的错误,是导致事故发生的间接因素。

首先，英国航空公司在维修指导文件上没有把涉及飞行安全的重大维修任务——更换风挡玻璃指定为"关键项目"（相当于美国的必检项目——译者注），由此造成的后果就是对风挡玻璃的更换与维护没有引起维修管理和质量监督人员的重视，体现在维修手册和维修程序中就是没有这样的强制性要求：在维修施工过程中一定要有人监督，施工结束后必须进行测试和检查。由于没有这样的要求，客观上就纵容了值班维修经理犯错误。

其次，在公司的管理系统上也有重大漏洞。譬如，在伯明翰维修站指定了一名地区维修经理，但他与值班维修经理在地位上是平级的，二者之间的分工模糊。鉴于这种微妙的关系，地区维修经理难以行使对值班维修经理在业务上的指导和监督职能，况且他总是上白班，夜班不来，这在客观上无疑更迁就了值班维修经理的错误。

另外，与这次事故有关的管理漏洞还有一个方面，就是公司的零件仓库管理混乱，尤其是在国际航班登机走廊下面的那个仓库，不仅照明差，而且零件保管也差。按照英国标准，标准件（即紧固件）的识别号码不是刻印在标准件上的，而是在零件包或零件抽屉上的标签上，但是该仓库有些零件包和抽屉上却没有标签。因此，该值班维修经理选错螺栓，与仓库管理混乱也不无关系。

4) 结论

BA5390航班的左风挡玻璃在更换后第一次飞行时就在座舱压力的作用下脱落，机长的上半身也被吸出窗外，幸好在全体机组人员的奋力抢救下才避免了一场特大灾难。

造成风挡玻璃在高空脱落的直接原因是：负责更换风挡玻璃的值班维修经理没有按照维修手册和维修程序的要求进行施工，而是粗心大意，主观臆断，选用直径不符合要求的固定螺栓，使用不适当的工装和工具，采用错误的安装工艺，在施工完成后也没有经过任何测试和检查就签字放行。

导致事故发生的间接因素主要是：首先在公司的维修指导文件上没有把更换风挡玻璃这一直接影响飞行安全的重大维修任务指定为"关键项目"，这在客观上迎合、甚至纵容了值班维修经理犯错误；其次航空公司对伯明翰维修站的维修管理和质量监督也存在严重缺陷，不仅对值班维修经理在维修业务中经常出现的偏差未能及时监督、发现、反馈、纠正和跟踪，而且某种程度上还迁就或放任值班维修经理的错误行为。

4. 维修差错分析

在上述事故原因分析中已经概括地分析了值班维修经理所犯的维修差错，下面针对这些维修差错逐一进行具体分析。

1) 差错1——在执行任务时没有认真熟悉有关维修文件

没有规矩不成方圆，每个行业都有各自的行业规矩，对于飞机维修行业，最基本的规矩就是：每个机务人员在执行维修任务时，首先应当熟悉维修手册和有关的维修程序，做到每一步都心中有数。然而，值班维修经理却没有这样做。他虽然已有大约两年没有进行过更换风挡玻璃的作业了，但是那天夜班在执行这项维修任务时却仅仅粗略地浏览了一下维修手册，恢复了一下记忆，就自以为没有什么问题了，认为这项任务很简单。显然他对这项任务在思想上很不重视，这也正是他犯错误的开始。

2）差错2——螺栓选择错误

如上所述，值班维修经理没有认真熟悉维修手册和有关维修程序，对更换风挡玻璃的操作步骤心中无数，只能摸着石头过河，所以，在航空电子主任工程师的协助下拆卸了旧的风挡玻璃后，在安装新的风挡玻璃时，用什么规格的固定螺栓，他就茫然了。其实，对于任何一个负责任的机务人员来说，这是一个不成问题的问题。只要认真地查阅维修手册和IPC，就会找到正确的答案。再不然，查一下库存，上网查询TIME，问题也会迎刃而解。然而，如前所述，这位值班维修经理太讲究实效，喜欢走捷径，什么行业规矩，他才不管那一套呢。他灵机一动，认为从旧风挡玻璃上拆下的旧螺栓应当是正确的螺栓，何必花那么多时间去查询呢？

于是他拿着从旧风挡玻璃上拆下的一个旧的A211－7D螺栓做样板，到零件仓库领取新螺栓。当到了东部机库的仓库，发现仓库现有的A211－7D数量远远不够。这时，有16年工作经历的仓库主任提醒他应当用A211－8D螺栓，但他全然没有听进去，又驱车赶到另一个仓库——国际航班登机走廊下面的仓库。这个仓库条件很差，照明光线也不够，而且有的零件抽屉和零件包上都没有识别标签。他只好借着微弱的光线，从零件传送带上一个个比照着去找。他的这种做法看上去愚蠢而又呆板，不像一个工程人员所为，倒像是中国的一个成语形容的那样，他是在"按图索骥"。就这样，比照来比照去，结果选取的螺栓不是A211－7D，而是A211－8C。他还特意选择了6个比A211－7D长很多的A211－9D，认为加上了风挡玻璃外侧角支撑固定整流条的地方可能需要这种长螺栓。

3）差错3——错误决定螺栓扭力并选择不适当的定力扳手

按照飞机维修手册的要求，初始加到固定螺栓上的扭力应为15 lbf·in，在飞行100个小时后，再重新拧紧到5 lbf·in。但是，值班维修经理在多年工作中发现，许多螺栓在重新拧紧时都会有3圈的螺扣松动，于是他仅凭着他个人的经验，决定把初始扭力载荷增加到20 lbf·in。

螺栓的扭力载荷定下来之后，接下来就是选用合适的定力扳手。那天夜班，仓库没有经过校准的带有刻度指示的定力扳手。仓库主任就提议，他最近从伦敦总部带回来的一个定力改锥正好适用于风挡玻璃的安装。但当他把改锥拿到手后才发现其校准时间已过，因此不能被批准使用。按照英国航空公司在伯明翰维修站的政策，机务工程人员不得擅自调整定力扳手，而必须送往伦敦标准室经过校准后才能发回使用。仓库主任本打算把改锥送到伦敦校准，但是由于当时没有合适的替代方法，最终仓库保管员自行把该定力改锥调到了所要求的20 lbf·in，并交给了值班维修经理。该值班维修经理用两个力矩检查量规核实无误后，就把定力改锥带走了。

从上述情况不难看出，对于螺栓扭力的要求及其操作程序，以及对定力改锥、定力扳手的校准规定和校准日期，公司都有明确的政策和文件要求，这一点，值班维修经理应当清楚，但是，他仍然坚持自己的错误做法。

4）差错4——使用错误的工装，采用错误的施工工艺

值班维修经理在安装风挡玻璃时，不是按照维修手册和维修程序，而是按自己的一套行事。首先，他使用安全升降梯来代替维修施工平台，事实上，这种升降梯根本不是安装

风挡玻璃时用的,因为它不能准确地靠住飞机边缘定位,而且用起来也不稳固,正因为如此,才在其顶部加装了安全护栏。同时,多数螺栓的安装位置在升降梯上用双手够不到,必须把身子探到安全护栏之外,跨过机头才能接近,而且视线还被左手遮挡了,根本看不到螺栓头,只得探着身子摸索着干。其次,他还使用了1/4英寸的双六角钻套,用来把2号飞利浦改锥的锥头固定到转动手柄上,以便转动螺栓,使其下到埋头窝的孔内。但是该钻套没有诸如弹簧夹之类的卡紧机构,以便保持住改锥的锥头。结果值班维修经理发现,在他利用转动手柄进行双手操作过程中,改锥的锥头掉下来好几次,他不得不从安全升降梯上下来去拣。为了克服这个问题,他就用右手握住改锥,用左手握住钻套里的改锥头。这样由于不能充分接近工件,视线又受左手遮挡,值班维修经理没有办法观察到螺栓螺纹与螺帽螺纹是否牢固扣紧,只能凭个人对每个螺栓扭力的力度感觉行事。

就这样,值班维修经理一个人从凌晨3点干到凌晨5点,用了84个A211-8C螺栓和6个旧的A211-7D螺栓(本来选用的是6个新的A211-9D螺栓,想用在外侧角支撑整流条上,但发现过长,用不上,只好临时决定改用从旧风挡玻璃上拆下的6个旧的A211-7D),才终于把左风挡玻璃安装到飞机上。

综上所述,值班维修经理在实施更换风挡玻璃的维修作业中,从备料到安装犯了一系列的维修差错。这些差错如果是一个没有机务维修经验的人员所为还可以理解,但是作为一个资深机务工程师,似乎令人难以理解。

一个人犯错误都有主观因素和客观因素,一般情况下,主观因素起着决定性作用,而客观因素有两种情况,一种是客观条件决定的,错误是不可避免的;另一种,客观条件不利,但只要主观上努力,是可以克服的,差错是可以避免的。值班维修经理所犯的维修差错应当属于第二种情况。对于他来说,尽管客观上公司在管理和质量监督上存在缺陷,有待于改进,但是这都不是他犯错的理由或借口,因为只要他认真对待此次维修任务,按章办事,不必付出多大努力就可以避免差错。例如,在选择固定螺栓上,只要按照维修程序,本来就不会有什么问题,但是他却费了那么大劲,弄巧成拙。而且在这个问题上,仓库主任也提醒过他,但他都不予理睬。而且即使错了,在施工过程中仍然有好多机会提醒他,还是可以改过来的,然而他都没有注意到。又如,第二天夜班安装右风挡玻璃,在他还未到现场时,上一班机务人员已经为他把执行维修任务的一切准备工作都做好了,包括工装和材料。来到施工现场后他注意到,这次用的螺栓都是A211-8D,并回想起头一天晚上他用的是A211-7D(实际上大多数是A211-8C,他误以为是A211-7D)。但是对此他不仅不认为自己用的螺栓有错误,反而还认为是合理的,理由是:飞机是旧的,有不同的改型状态,头一个夜班他是按照飞机的一个改型标准维护的,用的螺栓是A211-7D;这一个夜班,安装右风挡玻璃应按另一个飞机改型标准,要用A211-8D螺栓。总而言之,从值班维修经理的一贯行为表现来看,他的维修差错主要是主观因素造成的,虽然公司有责任,但主要是他的个人行为,因为他过于自信,主观臆断,听不进别人的意见。除非有人监督,但实际上他是"维修经理",连伯明翰维修站的地区维修经理都未被他放在眼里,还有什么人能对他实施监督呢?所以,更确切地说,公司维修管理和质量监督系统存在的一些缺陷,不是造成他犯错的客观因素,而是迎合和迁就了他的错误。至于其他方面的客观因素,正如调查组分析的那样,有可能由于缺乏睡眠,生理节律失调,导致注意力不集中,尤其凌晨3点到5点是人最易犯困的时候。

5. 安全建议

作为事故调查报告的一部分,英国航空事故调查局提出了多项安全建议,其中包括:

(1)英国民航局应当审查对航空器工程安全关键任务自我审查的适用性,自我审查的部件或系统不需经过功能检查就能批准放行使用。民航局的审查应当包括对"关键项目"的"单个故障组件"的解释,以及对下列这类航空器的豁免要求,即按照1986年前颁发的型号合格证制造的最大起飞重量在5700kg以上的航空器,可以不受"关键项目"限定的限制。

(2)英国航空公司应当审查其质量保证系统,并且对地面发现情况报告表和质量监督偏差报告二者之间的区别及各自的作用加以明确,航空公司还应当继续教育和鼓励其机务人员从维修车间提供反馈信息。

(3)英国航空公司应当审查是否需要为工程师一级的机务人员提供工作说明/工作要求的参考文件,这些人员包括值班维修经理和更高级别的机务工程人员。

(4)建议英国航空公司应当审查其产品抽样检查程序,以便保证独立地评估各个标准,并建议航空公司对伯明翰维修站的维修作业进行深入监督。

(5)英国民航局应当审查其飞行运行监督团对航空公司视察和监督的目的和范围。

(6)英国民航局应当考虑是否需要对机务工程人员进行定期培训和考核。

大陆快线航空公司 2574 号航班空难

1991 年 9 月 11 日,大陆快线航空公司一架巴西航空工业公司(Embraer)制造的 EMB-120 飞机在执行 2574 航班任务时在空中解体坠毁,机上 14 人全部遇难,其中飞行机组 2 人,客舱机组 1 人,乘客 11 人。根据当时媒体报道,最初人们猜测是一枚炸弹炸毁了飞机,后来美国国家运输安全委员会(NTSB)调查发现,是该飞机水平安定面上失踪的螺钉导致了事故的发生。调查显示,事故发生前晚维修期间,螺栓已经从水平安定面上拆除,在交接班后的下一班,螺钉没有更换上,该架飞机在当天第二次飞行途中坠毁。

1. 事故叙述

大陆快线航空公司 2574 号航班是由布里特航空公司(Britt Airways)按美国联邦航空条例(FAR)135 部运营的国内定期旅客航班。该航班于 1991 年 9 月 11 日从得克萨斯州拉雷多(Laredo)国际机场(LRD)起飞,目的地为得克萨斯州休斯顿市洲际机场(IAH)。大约 9 点 09 分时,飞机进入巡航阶段,指定的巡航高度为飞行高度层 250,随后空管引导机组下降至飞行高度层 240。

雷达切换后,约 9 点 48 分 43 秒,机组开始与休斯顿空中航路管制中心(ARTCC)鹰湖(Eagle Lake)扇区雷达管制员进行无线电通话。9 点 54 分 14 秒,休斯顿 ARTCC 指引航班"穿过洲际机场西南 55 英里,并保持高度 9000 英尺。"9 点 54 分 20 秒,机组回应"好的,洲际机场西南 55 英里,并保持 9000 英尺,我们已经离开飞行高度层 240……"9 点 59 分 51 秒,休斯顿 ARTCC 引导航班,"2574,收到,飞往航向 030,其余航路未发生变化。"9 点 59 分 57 秒,机组回应"航向 030,2574",这次通话是该航班最后发出的无线电信息。

与 2574 航班失去无线电通信之前,休斯顿 ARTCC 鹰湖扇区的两名管制员正与一名管制员换班,三名管制员都注意到屏幕上该航班的雷达信号消失了。10 点 04 分 53 秒,值班雷达管制员开始与 2574 航班联系,接着又联系了 3 次,机组都没有回应。随后,雷达管制员报告主任管制员,该航班无线电和雷达联系消失。

从驾驶舱话音记录器(CVR)记录的内容可以看出,从飞行高度层 240 开始,通话一切正常,最后一次无线电通话是在 9 点 59 分 57 秒。CVR 记录显示,机组人员曾通过 2 号无线电接收到自动终端信息服务(ATIS)发出的信息,时间是 10 点 03 秒。

10 点 03 分 07 秒,CVR 区域麦克风声道记录了驾驶舱有物体翻倒的声音,紧接着像是人的"嘟囔"声,其他是从飞机音频警告系统发出的警报声,并伴随着飞机空中解体的机械声。区域麦克风记录的风声开始于 10 点 03 分 13 秒。10 点 03 分 40 秒,CVR 磁带停止记录,大约是在驾驶舱出现物体翻倒声之后 33s,CVR 全部记录时间为 31min6s。

雷达数据和飞行数据记录器(FDR)记录的数据表明,飞机下降穿过 11800 英尺平均海平面高度(msl)时,突然发生翻滚。FDR 数据显示,飞机突然出现垂直过载负值,至少为 $-3.5g$,同时出现滚转和偏航异常,航向改变,以及突然改变的发动机参数。

飞机出现翻转前,发动机运转正常。突然翻滚时,FDR 记录的螺旋桨转速突然出现振荡。以每分钟转速(RPM)的百分比为单位记录,螺旋桨转速从两台发动机恒定的85%开始下降,2s后,两台发动机的转速值开始增加,而后2号发动机转速再次下降,然后再次增加至超过100%,直到数据记录结束。

接受采访的目击证人们描述了在地面观察到的事故发生的全过程。有8位目击证人报告说,他们先看到了飞机,随后意识到飞机遇到险情,直至最后坠毁。目击者看到的情况包括:起初飞机飞行正常,机翼水平,机头轻微向下,而后飞机突然被火球吞噬,翼尖和飞机尾部在火球之外,有很亮的闪光,冒着橙色或者橙红色的火焰,三声爆炸后发动机爆响着熄火,飞机向左侧旋转,直至坠地,炸断的左翼悬挂着,右翼失去,旋转下降过程中有部件飞出。

飞机坠地后呈正立姿态,机翼水平,部分嵌入土里并燃烧起来。

事故发生在目视气象条件(VMC)下,白天。飞机主要残骸,包括驾驶舱和客舱,都位于北纬29°30′98″和西经96°23′21″附近。

2. 事故调查

NTSB在12点30分(东部夏令时间)得知事故的发生,派出的调查组于19点30分(中央夏令时)抵达得克萨斯州休斯顿。调查组由飞机性能、结构、系统、人为因素、空中交通管制、CVR、FDR、消防、维修记录、运营、生存因素和证人等方面的调查员组成,调查参与方包括酒精/烟草/火器局、大陆快运航空公司、Embraer飞机公司、美国联邦航空局(FAA)、美国联邦调查局、汉密尔顿标准公司、普惠公司。巴西政府作为授权代表参与调查。

事故调查大体分为三个阶段:

第一阶段,事故现场调查。

调查人员把飞机上安装的CVR与FDR从机身后部的安装位置上取下,记录器因受撞击有轻微损坏迹象,没有证据显示记录器曾遭遇过大火,CVR录音清晰,两台记录器记录质量完好。

与飞机分离的部分,包括全部8个螺旋桨叶片,散落在飞机主残骸周围约1.5海里半径范围内。飞机水平安定面(或者称T型尾翼)的顶端在撞击前已与飞机脱离,位于主残骸西南偏西约650英尺处。垂直安定面上部约1/3处的一些结构和蒙皮仍然与水平安定面连接,下部约2/3处的垂直安定面附着在主残骸尾锥上。水平安定面左侧前缘/除冰套丢失,后来调查人员在飞机主要撞击地点以西约3/4英里处找到。

飞机左侧发动机和螺旋桨组件除4个螺旋桨叶片外,都位于主残骸东南偏南约370英尺处。左翼下部仍附着在残骸机身上,但机翼弯折在机身和右翼内侧下面。右翼仍在原来位置,与机身相连。部分右翼尖在主撞击点以西约1/5英里处发现,右侧发动机仍然连接到右翼上,4个螺旋桨叶片已从桨毂组件上脱离。

飞机发动机和螺旋桨系统,包括8个脱离的螺旋桨叶片,在NTSB的监管下送往发动机制造厂进行拆卸和检查。检查发现,右侧发动机在坠毁前已经超速并存在过大扭矩,左侧发动机没有超速或出现过大扭矩的证据。从轮轴附着点脱离的8个螺旋桨叶片以及轮轴一侧连接点都已经断裂。在异常姿态和飞机空中解体之前,两台发动机和螺旋桨组件都不存在缺陷或者异常的证据。发动机和螺旋桨的损坏与飞机姿态的极端变化有关,在与地面撞击前,左侧发动机已与飞机脱离。

NTSB 检查飞机残骸时，没有在左侧水平安定面前缘上部发现本应附着的 47 个螺钉，也没有找到左侧前缘组件上部安装孔周边存在因螺钉安装而受压的证据，也就是说，没有迹象表明螺钉在脱离水平安定面之前是固定在其上的。

下部的固定螺钉仍然安装着，但前缘组件已与安定面脱离，只有小部分复合结构仍然保留在两个最远处的内侧螺丝头下面。水平安定面左侧下部翼梁帽有被向下拉的迹象，这种下拉损伤与左侧前缘组件被撕破，并从水平安定面下部固定螺钉处脱离相符合。

飞机残骸的主要部分呈正立状态，部分嵌入玉米田中，航向约 360°。没有任何迹象表明主残骸在初始撞击地面后移动过。

坠机现场在得克萨斯州鹰湖镇西南偏南 3 英里，距离 IAH 机场西南偏西 60 海里。飞机机头部分和机身前部下方都被撞碎了。机身最后部分，包括仍连接着的垂直尾翼上部 2/3 部分呈压缩冲击损伤。机身货舱门距离主残骸 18 英尺，外层蒙皮上有深槽和划痕，显然前、后货舱门框架上的配件存在着瞬时过载现象。客舱登机门的下半部仍然附着在机身上，门操作手柄处于收上位置。主起落架和前起落架都处于收上位置，前起落架受冲击力撞击后向上翘起。

目击者的描述和对飞机残骸的检查都证实了飞机发生了空中起火以及地面撞击后起火。

飞机撞击地面之前，水平安定面和约 1/3 的垂直安定面已经从飞机上分离。垂直安定面 2/3 以下部分仍然附着在机身的主残骸区域。

附着在垂直安定面下部约一半位置的主要和次级方向舵控制舵面，出现受热损伤，包括有熔化的铝熔液溅出来。方向舵控制舵面上半部分组件在主残骸区域以西大约 0.4 英里处找到，没有发现烟灰沉积或者受火损坏的证据。方向舵控制舵面的上部和下部有明显的断裂界线。

第二阶段，实验室检查阶段。

根据雷达数据显示，10 点 03 分 06 秒，飞机以 44°航向向东北方向飞行时从雷达上消失。距离主残骸最远的一片飞机结构件是水平安定面左侧前缘，前缘是沿航班东北方向地面航迹的第一片飞机结构，距离下一片结构约 0.5 海里。最终的雷达联系是在飞机下降通过 11800 英尺高度的时候。最后一分钟飞机下降率大约为 4000 英尺/分钟，与飞机 FDR 记录的数据相一致。

NTSB 利用 FDR 记录的数据、CVR 音频信息以及 Embraer 的工程计算，研究事故序列中的飞机运动和解体过程。在 NTSB 的要求下，事故飞行动力学模拟由 Embraer 完成，他们对飞机空中解体时的飞行参数，包括空速、高度、过载以及飞机姿态等进行了检查，同时还检查了整片水平安定面从飞机机身分离和前缘部分从左侧水平安定面处分离的情况，利用飞机在空中突然发生变化之前的已知飞行特性来分析事故发生序列。

FDR 记录的数据显示，飞机下降到 11500 英尺（气压高度）、260KIAS 时，突然机头向下，并进入了一个陡坡俯冲状态。飞机发生翻转时的空速包线低于 EMB - 120 飞机最高限定值（272KIAS）12kn。FDR 记录数据表明，飞机翻转 1s 后的过载至少达到 $-3.375g$，随即飞机俯仰姿态相应减小。过载峰值未知，因为 FDR 的记录限制值是 $-3.375g$。翻转 6.5s 时，垂直过载值在大约在 $-0.6g \sim -2.4g$ 之间波动，数据显示，飞机以 280KIAS 下降到 9500 英尺。

飞机翻转后的第一个6.5s,数据显示右翼向下滚转10°~15°,机头从52°左转至33°,同时横向过载达到0.5g。在第二个6.5s,飞机突然右转,1s内超过160°,同时飞机俯仰角达到最小记录值-86°,然后开始增加,垂直过载值在-0.5g~2g之间变化,横向过载值在0.05g到记录的正极限值+1g之间变化,并保持数秒,当FDR停止记录时,达到负极限值-1g。

根据Embraer提供的EMB-120工程数据,水平安定面攻角在稳态飞行中是260KIAS下的-2°。左侧水平安定面气动失速减小了飞机尾部的向下升力矢量(下压力,这是保持稳定飞行所必须的),当发生机头向下较大俯仰时,会导致机翼失速。计算结果表明,机翼失速发生在尾翼失速后1.5s内,达到负过载峰值约-5g。

调查人员进行了两次动态飞行模拟试验,以确定从FDR中获得的数据是否与飞机突然失去左安定面前缘、或者飞机突然失去整体水平安定面的情况相匹配。由于受可用FDR数据和高度动态运动限制,飞行动态预测只能研究飞机翻转后最初0.5s的飞行情况。

两次模拟试验都不能精确重现事故飞机和FDR记录的性能。第一次模拟(假设突然失去左水平安定面前缘)表明,飞机出现不太严重的下俯和负载因子负值,而第二次模拟试验(假设突然失去整个水平安定面)表明,会出现比FDR记录数据更严重的情况。第一次模拟试验结合了下压力的损失和增加的阻力,这些都是估计的,并与标准空气动力学的做法相一致。在第一次模拟试验中,g值的增加相当于水平安定面产生了0.5倍下压力。短暂的过载增加也记录在FDR数据中。但是,当飞机动态运动时,升力和阻力会显著变化,实际上不可能完全准确地用工程模拟器进行再现。

Embraer完成了对该飞机最后一次维修后执飞的两个航班来源于水平安定面所需升力的计算。结果表明,峰值安定面下压力出现在事故航班翻转时,之前航班水平安定面产生的最大下压力至少比事故发生前的低30%。

NTSB还要求Embraer向其提供一份结构分析报告,以评估左侧水平安定面前缘分离后,飞机机翼上的空气动力负荷对飞机结构的影响。计算表明,可预测到的、失去前缘的飞机水平安定面和垂直安定面结构上的空气动力负荷,不超过水平安定面和垂直安定面的最大允许载荷。

飞机解体时的空速为260kn,低于制造商提供的最大允许空速272kn,260kn也是飞机维修后执行两个航班的最高空速。记录在FDR上的当天第一个航班(从IAH到LRD)的最高空速是216kn。

第三阶段,对维修管理与适航监督方面的调查。

NTSB对事故飞机维修记录进行了检查,详细检查了该飞机与水平安定面有关的最近维修历史,包括涉及到的纸质文件、工作程序和事故发生前晚机务维修人员在飞机上的维修工作情况。此外,也检查了航空公司过去全年的记录,适航指令(AD)相关措施的项目,以及与发动机/螺旋桨和飞行控制不符的项目。NTSB检查了大陆快线航空公司经FAA批准的综合维修手册(GMM)和必检项目(RII)。

NTSB对事故飞机水平安定面的维护情况也进行了检查。维修记录显示,1991年8月26日,由于航空公司在全机队范围内对冬季运行时的飞机除冰套开展检查活动,质量控制检查员在M-602工卡上将两个前缘除冰套标注为"监控清单项目",因为"要对除冰套被腐蚀的销孔在整个长度上进行干燥"。1991年9月10日，也就是事故发生前的晚上，大陆快线航空公司维修控制办公室制定计划，安排更换事故飞机水平安定面上的两个前缘除冰套。

1991年9月13日—16日和10月22日—24日，调查组分别对事故发生前晚工作的维修人员、检查员和主管进行了一系列访谈。这些工作人员都曾对该机做过工作，分别在第二班（晚班）和第三班（夜班）。在第一个访谈中，7名机务维修人员、4名维修主管和3名质量控制检查员参加；在第二个访谈中，1名机务维修人员、1名检查员和2名维修主管再次参加，2名高级主管和2名FAA主任维修监察员（PMI）也首次参加了访谈。

通过访谈，调查人员了解到，事故发生前晚，大约21点30分，第二班值班时，飞机拖进大陆快线航空公司在IAH的机库做计划维护，维护内容包括拆卸和更换水平安定面左侧和右侧除冰套。

左侧或者右侧除冰套在更换时，通常情况下，要求水平安定面前缘/除冰套从一侧安定面组件上拆卸下来，旧除冰套要从前缘复合材料结构上拆除，断开除冰液管线，拆卸下前缘，并固定上新的除冰套，然后把前缘/除冰套组件重新安装在水平安定面上，约有47个螺钉固定在组件的顶部和底部。

第二班人员的2名机务人员在1名检查员的协助下，经由液压升降工作平台到达高出地面约20英尺的T型尾翼处。这项工作是由负责该飞机的第2班主管分配的，2名机务人员拆卸了右侧前缘底部的大部分螺钉，部分拆卸了附着在右侧前缘前方的除冰套。

已经登上T型尾翼顶部的检查员拆卸了右侧前缘顶部附着的固定螺钉，然后跨过T型尾翼，拆卸了左侧前缘顶部的固定螺钉，固定水平安定面前缘组件的底部螺钉没有拆卸。从地面上看不见左侧和右侧水平安定面前缘组件顶部上的固定螺钉。

在第三班时，水平安定面的右侧前缘组件被拆卸下来，新的除冰套被连接在前缘前方，并放在机库内的工作台上。之后，事故飞机被拖出机库，以便为另一架飞机的维修腾出空间。飞机在机库外停放，没有直接光线照射到飞机的停放位置，水平安定面上的工作继续在机库外完成。第三班机务人员重新安装了右侧前缘组件，他们使用新的和用过的螺钉，将组件固定在右侧水平安定面的顶部和底部。

该飞机第二班检查员填写了当时的工作交接单，随后工作的第三班检查员在工作开始前查看了工作单。第三班维修主管和机务人员并没有得到拆除左侧前缘上方螺钉的口头通知。M-602工卡最初是安排第三班机务完成的，但第二班主管也被分配到该飞机上完成除冰套工作，以协助第三班的工作。而且，第二班主管并没有把M-602工卡分发给第二班机务，因为工卡已经打包安排给第三班机务了。结果，M-602工卡背面没有记录信息，以通知第三班主管和第三班机务，第二班已经开始了左侧和右侧水平安定面除冰套的工作。

第三班检查员后来报告说，他已经到达水平安定面的顶部，以便协助安装和检查右侧水平安定面的除冰套。他说，他并不知道螺钉已经从左侧水平安定面组件前缘顶部拆卸下来，在机库外的昏暗光线下，他没有看到左侧前缘水平安定面组件没有螺钉。

基于访谈和陈述获得的信息，事发前当晚发生的事件序列是这样的：

20点，负责另外一架飞机C检的第二班主管和另一位航线主管讨论想将事故飞机拖入机库。第二班有两位主管，一位主管通常负责航线，但他现在负责事故飞机的维修，另一位主管负责另一架飞机的 C 检。

21 点,负责事故飞机的主管告诉第二班机务人员拆卸飞机上的两个除冰套。

21 点 30 分,飞机被负责另外一架飞机 C 检的第二班主管拖入机库,第二班检查员告知第二班的另一位主管,说他自愿协助机务人员更换除冰套。

21 点 45 分,第三班航线主管到达机库,注意到第三班机库主管也在那里。

22 点,负责事故飞机的第二班主管看到两名机务人员和第二班检查员跪在右侧安定面上拆卸右侧除冰套。

第三班机库主管曾看到第二班检查员躺在左侧安定面上,还看到两名机务人员正拆卸右侧除冰套。

正在机库工作的第三班主管询问负责另一架飞机 C 检的第二班主管,左侧安定面的工作是否已经开始。第二班主管向上看了看飞机尾部,说"没有"。

在机库工作的第三班主管告诉负责另一架飞机 C 检的第二班主管,他可以在当晚更换右侧除冰套,左侧除冰套可以安排在另一个晚上完成,他将把更换下来的左侧除冰套放回仓库。第二班主管将更换下来的右侧除冰套放在了工作台上。

22 点 05 分,第三班检查员提前到达工作现场,看到大部分右侧除冰套已经更换。他检查了工作交接单,没有找到评述内容,因为已经完成上部螺钉拆卸的第二班检查员还没有做维修日志。

22 点 15 分,第三班一名机务人员上班打卡,进入休息室与朋友聊天,直到 22 点 30 分交接班。

22 点 30 分,从事故飞机两个安定面前缘拆卸上端螺钉的第二班检查员填写了检查员交接单"帮助机务拆卸除冰套",然后打卡启程回家。后来检查员表示,他把从水平安定面左侧和右侧顶端拆卸下来的螺钉放在一个袋子里,并将袋子放在了梯子上。

第三班主管指派第三班的一名机务人员去做事故飞机航线检查,并让他把飞机拖到机库外。

负责拆除事故飞机除冰套的一名第二班机务人员向负责另一架飞机 C 检的第二班主管进行了口头交接,该主管指导他向第三班机务交接。交接完成后,这名第二班机务人员锁好了他的工具箱,打卡下班。

接收到第二班机务工作交接单的这名第三班机务人员后来并没有被分配去事故飞机。他后来说,他记得在梯子上看到一包拆下的螺钉,该第三班机务对同班的另一位机务进行了口头交接,而此人说他后来不记得交接的事,也没有看到任何袋装的螺钉。

另一位第三班机务人员抵达机库,第三班主管分配他给事故飞机更换除冰套,并让他去询问第二班主管已经完成了哪些工作,但没有说明向第二班的哪位主管询问情况。该机务人员去询问了负责另一架飞机 C 检的第二班主管。

机务人员观察到该主管指了指事故飞机的尾部说,由于几个螺钉拆卸耽误时间,第二班机务未能拆卸右侧前缘。机务人员随后询问是否对左侧除冰套做了工作,主管告知他当晚应该没有时间更换左侧除冰套。

22 点 45 分,第三班航线主管离开机库去了登机门,再没有接触事故飞机。

23 点,负责事故飞机的第二班主管下班。回家前,他没有与另一位第二班主管以及还在机库工作的第三班主管交谈。

23点30分,帮助拆卸右侧除冰套的一名第二班机务人员打卡离开了。

飞机放行后,第一个航班于7点起飞,是从IAH飞往LRD的客运航班。早上的航前检查显示,飞行机组不了解机务人员曾对水平安定面进行过工作,因此没有专门对此处进行检查,而且FAR和航空公司也没有要求将这样的维修工作告知飞行机组。

从IAH飞往LRD的客运航班没有出现问题,而接下来的航班就发生事故了。事故发生后不久,一名刚乘坐IAH到LRD航班的乘客告诉NTSB,他曾注意到在飞往LRD的航班上,飞机振动使他的饮料罐在餐盘里叮当作响,随后他请求客舱机组把他换到其他座位上,但并没有告诉机组关于振动的问题。其他乘客没有提到不寻常的振动问题。事故就发生在飞机从LRD返回IAH的途中。

3. 事故分析

天气、空中交通管制服务和飞行机组都不是事故发生的因素,事故没有幸存者是因为飞机遭受到严重的撞击。

对飞机残骸的检查证实了飞机先出现空中解体,之后发生了空中起火,有证据支持这一结论,包括:对尾翼碎片上受火损伤模式的分析,表明水平安定面前缘和垂直尾翼上附着的方向舵表面上部在空中起火前与机体分离;水平安定面存在轻微煤烟残留和热损伤,表明其在起火前从机身上分离。垂直尾翼和方向舵面的下部仍然连接在机身上,直到撞击地面起火。此外,左侧发动机没有受火,表明该发动机早在解体前、左翼失效时与飞机分离。左翼失效造成燃料流出,这可能导致了飞机起火。

乘客座椅从客舱内弹出并撞击到地面上,表明飞机撞地前,火势并没有蔓延到客舱区域。乘客的呼吸道中没有烟灰,组织中也没有升高的碳氧血红蛋白,这些也支持了这一结论。

从FDR记录的数据和残骸检查可以发现,在飞机姿态出现极端变化前,飞机的飞行控制系统、发动机和螺旋桨都运行正常,因此发动机和螺旋桨不是事故的一个因素。

NTSB对这起事故的分析也涉及到导致飞机失去左侧安定面前缘的环境,包括飞行机组与事故相关的表现,大陆快线航空公司在事发前晚执行的维护和检查情况,大陆快线航空公司维修部门的管理,美国FAA对大陆快线航空公司维修计划的批准和监管程序,由飞机制造商、航空公司和FAA建立的RII的情况等。

NTSB还检查了飞机气动和结构失效方面的情况,这些与飞机失去左侧安定面前缘后的动态表现相关。

NTSB最终确定的事故可能原因是:大陆快线航空公司维修和检查人员在维修飞机水平安定面除冰套时,没有遵守正确的维修和质量保证程序,导致了飞机空中突然失去左侧水平安定面前缘的部分保护,并随即发生严重的机头朝下翻滚和飞机解体。事故的促成因素是大陆快线航空公司管理层不能确保遵守批准的维修程序,FAA也没有对其进行有效监管,以便监督和确保其遵守经批准的程序。

监管当局对航空公司监管缺失体现在FAA对航空公司的监督不能发现其存在的安全问题,如NTSB在调查期间发现的问题。这种监督包括由PMI完成的日常监督以及由特定国家航空安全监察计划(NASIP)工作组在事故发生后完成的监察。

在日常监察时,前任PMI表示,他承担了巨大的工作量,这样限制了他的安全监管效率。1989年2月—1991年6月,在他担任PMI期间,大陆快线航空公司大规模扩张。例如,公司最初的布里特航空公司拥有约 45 架飞机,并与落基山航空公司合并(1989 年),收购了巴尔港航空公司的主要资产(1990 年)。事故发生时,该公司运营的机队拥有 101 架飞机(44 架 121 部飞机和 57 架 135 部飞机)。该公司前任 PMI 称,在美国持有单一通勤航空承运人执照的航空公司中,大陆快线航空公司是拥有飞机数量最多的。前任 PMI 还表示,在此业务扩展期间,他审查和批准了四种不同的 GMM。他说,他在此工作约有 1 年时间,作为该航空公司休斯顿总部的唯一监察员,在这期间他还有执照方面的职责。后来给他提供了一位助理(他推荐的),承担了他的执照方面的职责。然而,当整个航空公司进入破产保护期间需要更多监督时,却没有额外的人员给他提供帮助。他表示,工作量大大限制了他在现场的监察时间。他说,他可以保持所需的监察次数,但这些监察的深度和质量受到有限时间的限制。

在事故发生前一周,该前任 PMI 认为其工作量"非常饱满"。他说,他在晚上和周末都工作,以便履行他的责任。大陆快线航空公司的维修人员却表示,他们很少看到 FAA 监察员到机库,"也许每月最多两次,或者每两个月、每三个月一次,……最后一次来访可能是六七个月前。"第二班主管表示,FAA 来访总是提前一天通知他们。

NTSB 已经明确,前任 PMI 对机库的有限访问造成了 GMM 程序在执行上存在偏差难以被发现,前任 PMI 仅仅依赖于查看记录进行监察,而记录可能没有反映实际情况。在这起事故中,机务人员不能提供关于执行 M-602 工卡时交接班的书面记录,这项疏忽是事故序列的主要因素。然而,当工作已经完成并签字后,换哪个监察员都不会了解到实际情况。

事故发生后不久,NASIP 小组完成了对大陆快线航空公司维修计划的监察。1991 年 11 月 18 日,FAA 局长 James B. Busey 给航空公司管理层的信中说,"我们在监察过程中,工作组发现布里特航空公司(以大陆快线航空公司运营),已经实施了一项内部评估计划。监察发现存在极少数的安全缺陷,事实上,我们认为这归功于内部评估体系的成功。"

然而 NTSB 注意到,由于 NASIP 监察范围有限,可能无法揭开事故相关的所有领域。例如,NASIP 监察就没有发现轮班程序的不足之处。当然,事故发生后,大陆快线航空公司采取了一些行动,以确保遵守 GMM 程序规定的内容。但是,NTSB 认为,彻底审查以前的轮班记录可以暴露出记录上的一些不足。在事故发生后的 NASIP 监察中,监察员查看了工作情况的书面记录,随机选择开放项目查看从开始到完成过程的书面跟踪,监察飞机交接,观察所有班次的工作表现和交接程序等,这些都将深化其监察工作。

总之,NTSB 得出结论,FAA 对大陆快线航空公司的监管是不够的,未能识别和纠正缺乏的管理措施,未能监督航空公司的维修部门,未能发现维护程序中与 GMM 做法相背离的做法。

4. 维修差错分析

从事故分析可以看出,事发前晚对事故飞机的维护和检查是事故的直接原因,由负责飞机适航性的几个人员产生了多个差错。NTSB 认为,造成差错以及维修计划整体上失去作用的原因是复杂的,并不是单纯地仅与单个人的单一差错有关。因此,NTSB 对维修和检查程序的分析集中在事故发生的系统性原因,以及相关人员引发的具体差错上。

大陆快线航空公司的 GMM 拥有 FAA 批准的交接班程序。这些程序包括:机务人员向主管进行工作简要汇报,即将下班的主管向即将上班的主管简要汇报,填写维修和检查交接班表格(这样即将值班的人就会知道未完成的工作),记录未完成的工作,即由机务人员将未完成的工作注明在 M-602 工卡背面。事实上,NTSB 在 GMM 中没有发现什么不足之处,除了 GMM 没有将水平安定面前缘除冰套划定为 RII 项目,因为只有重大的结构性项目才被列入 RII 项目。然而,仅这方面的不足并不会造成事故,而且这种情况也不仅仅出现在大陆快线航空公司一家。NTSB 认为,GMM 中载有明确的程序,如果遵守执行,可以避免意外的发生。

NTSB 认为,从左侧水平安定面前缘拆下的上排螺钉未被发现,是因为维修人员、主管和直接负责评估事故飞机适航性的质量控制人员都没有按照 GMM 里批准的程序执行。

总之,NTSB 得出结论认为,GMM 涵盖了详细的交接班程序,但在事故发生前晚的事故飞机维修和检查期间,工作人员普遍未遵守 FAA 批准的 GMM 工作程序,这直接导致了事故的发生,这涉及到多名相关的机务人员、检查员以及主管。证据表明,大陆快线航空公司管理人员不能使维修部门遵守 FAA 批准的工作程序,导致飞机在不适航条件下放行。

5. 安全建议

根据大陆快线航空公司 2574 号航班失事事故调查结果,NTSB 向 FAA 提出了如下安全建议。

(1) 安全建议 A-92-79(Ⅱ级,优先行动)。与飞机制造商和航空公司合作,对航空公司维修部门使用的规章、政策和制定 RII 项目要求时的做法进行审查,对哪些项目被确定为 RII 项目制定更具体的规定。

(2) 安全建议 A-92-80(Ⅱ级,优先行动)。要求按 135 部和 121 部运行的航空公司研究制定一种可行方法,以便向飞行机组通报近期飞机完成的常规和非常规维修情况,使他们在飞行前检查时能够加以留意,并可能对关键项目做额外检查,例如 RII 项目,因为这些可能影响到飞行安全。

(3) 安全建议 A-92-6。加强对大陆快线航空公司的飞行标准监察,包括充分、直接地观察维修厂的实际工作,以确保维修工作符合大陆快线航空公司 GMM 和所适用的 FAR 规定的要求。

(4) 安全建议 A-92-7。加强飞行标准的程序指导,包括 NASIP,以强调对设备及程序亲自动手监察,实施现场突击检查,以及对质量保证和内部审计职能的观察,以便评估航空承运人维修方案的有效性,对批准的及规定的维修程序的遵守情况,以及航空承运人从内部识别、纠正问题的能力。

大西洋东南航空公司 ASE529 号航班空难

1995年8月21日,美国大西洋东南航空公司(ASA)一架登记号为N256AS的EMB-120RT飞机执行ASE529定期航班任务,从佐治亚州亚特兰大哈茨菲尔德(Hartsfield)国际机场飞往密西西比州格尔夫波特(Gulfport)机场,在佐治亚州卡罗尔顿(Carrollton)迫降时坠毁。机上载有26名乘客和3名机组成员,其中机长和7名乘客遇难,副驾驶、客舱乘务员和11名乘客受重伤,其他8名乘客受轻伤。

1. 事故叙述

1995年8月21日,飞行机组驾驶该架登记号为N256AS的飞机,从佐治亚州梅肯(Macon)开始了为期两天的行程。他们首先执行ASE211航班任务,从梅肯飞往亚特兰大,整个航段没有出现异常,机组飞行得很轻松。在亚特兰大着陆后,该机继续执行ASE529航班任务。机长留在飞机上接收ATC指令,副驾驶下了飞机,在周围休息。该机将以仪表飞行规则(IFR)从亚特兰大飞往格尔夫波特,计划飞行航路高度在飞行高度层240上,预计飞行时间为1小时26分钟。副驾驶准备了ASA航空公司EMB-120飞机的配载表,根据配载表上的记录,机上有26名乘客,3名机组人员(1名机长,1名副驾驶和1名客舱乘务员),724磅货物和2700磅燃油。

ASE529航班12点10分从机坪滑出,离场时间为12点23分。12点36分,副驾驶向亚特兰大航路交通管制中心(ARTCC)西部离场区报告,他们已爬升至13000英尺。在发布了一系列过渡爬升许可后,大约在12点42分,管制员继续发布爬升并保持高度层240的许可,机组一一确认。

驾驶舱话音记录器(CVR)和飞行数据记录器(FDR)的数据分别显示,在12点43分25秒,当飞机以160KIAS爬升到18100英尺时,驾驶舱传来几声"砰、砰"声,左发扭矩降至0。飞机随后向左滚转,机头下俯,并开始下降。之后,FDR数据显示,有大量飞行控制输入试图阻止航迹偏差,但飞机姿态继续下倾达到大约9°,下降率逐渐增大到5500英尺/分钟(fmp)。机长说:"我控制不了飞机了,"然后说:"帮我保持住。"12点44分26秒,副驾驶向亚特兰大ARTCC通报进入紧急状态,并报告说:"我们有一台发动机已经失效。"亚特兰大ARTCC发送许可,ASE529航班可以直接飞往亚特兰大机场。

根据FDR和CVR记录的数据,飞机空速和下降率都在连续变化,并伴随着垂直和横向加速度值的快速突变。12点45分46秒,CVR记录显示,副驾驶告知客舱乘务员遇到了发动机失效,已经宣布进入紧急状态,现正在返回亚特兰大,并告诉乘务员将该情况转告乘客。12点46分13秒,副驾驶说:"我们需要连续下降,需要马上找一个机场着陆,还需要机场提供应急车辆以及其他所有救援。"管制员向机组提供了西佐治亚支线机场(CTJ)的航向信息。机组对右侧发动机使用了各种飞行控制输入和推力设置,部分稳定住了飞机。此间飞机的下降率在1000fpm~2000fpm之间,指示空速在153kn~175kn之间。

当飞机下降穿过4500英尺高度时,亚特兰大ARTCC的管制员发现,ASE529航班的应答机代码在雷达屏幕上找不到了。12点50分,该管制员指令机组联系亚特兰大进近管制中心。机组联系了该进近管制中心,请求其告知CTJ机场的航向信标频率并提供雷达引导。管制员给出了航向信标频率,机组表示收到,并请求目视进近的雷达引导。管制员确认了飞机的高度并核实该机确实处于目视飞行规则(VFR)条件下,于是表示,"飞行航向040,机场在10点钟方向6海里……"12点51分47秒,ASE529航班表示收到"040,ASE529"。该信息是进近管制员从事故飞机上接收到的最后一个信息。12点51分30秒,FDR和CVR记录的数据表明,飞机空速从168kn持续稳定下降至大约120kn,但是起落架和襟翼始终处于收上位。通过CVR记录的声音显示,飞机第一次与地面撞击发生在12点52分45秒。

2. 事故调查

事故发生后,美国国家运输安全委员会(NTSB)展开了事故调查工作。

1)事故情况

调查人员对幸存者进行了访谈。据几位幸存者的回忆,在飞机爬升过程中,他们听到了一声巨响,并感觉到飞机在抖动。他们还看到左侧螺旋桨上有两到三个桨叶叶片切入到了机翼的前端。客舱乘务员回忆说,她从飞机左侧窗户看出去,能看到"螺旋桨和整流罩前部都出现了机械损坏。"其他一些乘客观察到螺旋桨从发动机上的原始位置向外移了出来。乘务员说,当副驾驶提示她飞机将紧急返航至亚特兰大(即12点45分46秒)后,她便在客舱做紧急着陆和撤离的准备,没有再与机组做进一步的沟通。

调查人员发现,在落到地面的碎片中,左侧发动机螺旋桨组件是先落下的。螺旋桨桨毂包含了三个完整的叶片,第4个叶片上只剩下大约1英尺的内侧叶片。第4个叶片的其余部分不在事故现场。

事故发生在白天目视条件下。坠机地点位于西经85°12′51.2″,北纬33°34′50.5″。地形图表明,失事地点的标高为海拔1100英尺。

飞机受损情况:飞机因撞击和撞击后起火而完全损毁,估计损失达5000000美元。

人员伤亡情况:机组成员包括1名机长和1名副驾驶,1名客舱乘务员,其中机长遇难,副驾驶和客舱乘务员重伤。乘客26名,7名遇难,11名重伤,8名轻伤。

2)飞行机组情况

机长45岁,持有多发飞机陆地航线运输驾驶员执照,EMB-120机型型别等级和单发飞机陆地商业执照,同时持有飞机、仪表和多发飞机等级教员证书。最近一次由美国联邦航空局(FAA)签发的一级体检合格证的签发日期为1995年4月3日,限制条件是"持有人在使用航空人员执照时,应佩戴校正近视镜。"在飞机残骸中,调查人员找到了机长过夜包里装有的空眼镜盒。

机长1988年受雇于该航空公司,截止到事故发生时,他已经累计飞行了9876.13h,在EMB-120机型上是7374.68h,作为机长飞行是2186.94h,最近一次熟练检查是在1995年3月3日,最近一次训练是在1995年8月7日,当时进行的是面向航线的飞行训练(LOFT)。

副驾驶28岁,持有单发飞机陆地、多发飞机陆地和仪表飞机等级的商业驾驶员执照,同时持有飞机、仪表和多发飞机等级教员证书。最近一次由FAA签发的一级体检合格证的签发日期是1995年6月15日,该体检合格证无限制条件。

副驾驶1995年4月受雇于ASA航空公司,截止到事故发生时,已经累计飞行了1193h,在EMB-120机型上是363h,接受ASA航空公司副驾驶培训是在1995年4月,完成初始运行是在1995年5月4日。

3) 飞机信息

该架飞机登记号为N256AS,机型为EMB-120RT,系列号为120122,制造和审定都在巴西。根据美国FAA和巴西审定当局之间签订的双边适航协议,该飞机又在美国进行了审定。1989年3月3日,该机交付给ASA航空公司。

截止到事故发生时,飞机在役时间累计为17151.3飞行小时和18171个飞行循环。维修记录表明,该架飞机的维修检查符合ASA航空公司第624号标准程序——《飞机维修大纲》,该文件是经FAA批准的一个维修计划。

该飞机一直被安排在ASA航空公司位于得克萨斯州达拉斯的沃思堡(Fort Worth)的基地运行。事故发生前一周,该机转往位于亚特兰大的维修基地做C检(要求每间隔3300小时做一次)前的准备。根据计划,在即将到来的一周,该机将在ASA航空公司位于梅肯机场的维修基地进行C检。但是C检还没有来得及做,便发生了此次事故。调查人员查看了飞机在梅肯的维修记录,没有发现任何明显问题或者最低设备清单(MEL)项目。

作为ASA航空公司维修方案的一部分,航线检查要求间隔75h做一次。EMB-120飞机的航线检查要求对14个区域进行目视检查,以确定是否存在渗漏、损坏的现象,并确保所有系统的持续适航性。该机最近一次航线检查已经由ASA航空公司位于梅肯的维修基地在1995年8月20日飞机过夜经停时完成。根据ASA维修工卡记录,航线检查其中包括:为确定左、右螺旋桨是否出现漏滑油或者损坏迹象而进行的特定项目目视检查,但并没有记录这方面有什么故障。维修记录显示,事故当天,即1995年8月21日的日常检查由ASA航空公司航线机务人员在一天的第一个航班飞行前完成。维修人员还表示,在该机离开梅肯前,副驾驶对飞机进行了飞行前绕机检查,但是没有报告出现异常现象。

4) 螺旋桨叶片情况

Hamilton Standard公司制造复合材料螺旋桨叶片,包括14RF型(事故螺旋桨叶片的型号)、14SF型和6/5500/F型,用于涡轮螺旋桨支线飞机。根据1995年2月提供给NTSB的信息显示,Hamilton Standard公司根据从外场维修工作中收集到的统计数据显示,锥孔未经喷丸处理的叶片很容易出现早期腐蚀和裂纹。

当EMB-120飞机在美国申请型号合格证时,美国联邦航空条例(FAR)第25.571(e)(2)条"损伤容限(离散源)评估"提到了螺旋桨叶片损坏或脱落对安全飞行的影响,要求当遇到因螺旋桨叶片的撞击引起的结构损坏时,飞机有能力成功完成安全飞行。但是飞机制造商巴西航空工业公司(Embraer)于1983年1月11日曾向FAA提出请求,希望在不符合该条款要求的情况下通过对EMB-120飞机的型号合格审定。对于EMB-120飞机与FAR25.571(e)(2)条的符合性,FAA给予了豁免,但仍阐明:"考虑到螺旋桨及其控制系统的设计特点,飞机设计中必须采取所有实际可行的预防措施,以降低因螺旋桨桨毂或叶片损坏可能造成的危险。"

1990年,该(e)(2)条款被从FAR25.571中删除。FAA当时解释说,从服役经验看,要满足该条款的要求是"不可能的",而且"由于给予了豁免,实际上没有哪个制造商被要求表明其与该条款的符合性。"当时,FAA发布了新条款,即FAR25.905(d),要求"必须采取设计预防措施,以最大限度减小因叶片损坏或脱落(其中包括因损坏或脱离的叶片的撞击导致对结构和重要系统的损坏)对飞机造成的危险,以及最大限度减小因此造成的飞机不平衡。"

根据Embraer的记录,飞机初始审定后,Embraer评估了在螺旋桨叶片的尖端、中端和整个叶片全部损坏情况下,机翼、发动机短舱和尾翼受影响的情况。Embraer的分析显示,发动机短舱不能承受中端叶片或者全部叶片损坏产生的撞击。事故发生后,FAA认为,从14RF型螺旋桨初始审定的记录可以看出,Hamilton Standard公司通过测试,表明了该型号螺旋桨与FAR35.15条"在设计特点上没有出现隐患或者不可靠"的符合性。FAA进一步说明,Hamilton Standard公司设计、测试和验证的14RF-9螺旋桨叶片满足FAR35部的要求,当遵守FAA批准的Hamilton Standard公司维修指南时,其寿命是无限期的。

5) 维修单位组织和管理情况

Hamilton Standard公司是美国联合技术公司下属的公司,位于美国康涅狄格州温莎洛克斯(Windsor Locks),自1958年以来一直生产带锥孔的铝制叶片螺旋桨,约10000个这样的叶片在C-130和P-3等军用飞机上使用。复合材料叶片自1974年开始在军用飞机上使用,1978年扩展到支线(通勤类)飞机上使用。自那时起,支线飞机螺旋桨配置了超过15000个叶片,这些叶片都由一个铝制梁体和一个具有空气动力学特性的复合材质框架组成,累积已完成超过1700万个飞行小时的任务。

1989年,Hamilton Standard公司位于康涅狄格州东温莎(East Windsor)的用户支持中心开放,用于该区域的螺旋桨检查和维修。Hamilton Standard公司的工程技术支持部门仍然留在温莎洛克斯的制造厂。

从1989年到1990年,区域性的螺旋桨检查和维修扩展到位于加利福尼亚州的长滩和位于荷兰的马斯特里赫特。1993年,地区螺旋桨用户支持中心从康涅狄格州的东温莎搬到了南卡罗来纳州的罗克希尔(Rock Hill)。

1993年,Hamilton Standard公司从位于温莎洛克斯的制造厂挑选出一些工程和管理人员,调到位于罗克希尔的地区螺旋桨用户支持中心,从事不同类型螺旋桨叶片的修理工作。1994年2月,在取得了FAA的维修许可证后,该中心正式开始螺旋桨叶片的修理业务。

1994年3月曾发生过两起Hamilton Standard公司类似的螺旋桨叶片失效事件,FAA随后于1994年5月强制要求对叶片进行超声波锥孔检查。因此,1994年5月和6月,要求检查和修理的螺旋桨叶片数量迅速增加。该事故螺旋桨的叶片就是返回到Hamilton Standard公司进行检查的叶片之一。该事故叶片的锥孔检查和修理工作是1994年6月7日—9日在Hamilton Standard公司位于罗克希尔的用户支持中心完成的。

根据Hamilton Standard公司1994年5月和6月的工作记录,执行事故叶片锥孔检查和修理的维修技术人员每周加班8h~26h。

3. 事故分析

NTSB认为,飞行机组是经过训练和认证的,有资格执行该次飞行。该次航班符合适用的FAR和公司要求。航班乘务员也经过了培训和认证。飞行机组健康状况良好,持有

FAA 颁发的体检合格证,没有证据显示任何机组成员受到酒精、药物或者疲劳的影响。

飞机是按照适用的 FAR 和航空公司运行规范进行维修的,调查人员对飞机维修记录和运行日志检查后,并没有发现任何维修缺陷,或者可能导致或促成事故的机械方面的异常情况。

从 CVR 和 FDR 获得的证据以及对飞机动力系统、齿轮箱和螺旋桨检查后发现,在左侧发动机一个螺旋桨叶片失去主要部分之前,飞机发动机运转正常。螺旋桨叶片分离后,左侧发动机失去推力,变形的整流罩和三个仍然保留的叶片增加了阻力,外部金属罩损坏带来了前向阻力,在这三方面的联合作用下,飞机性能严重降级,使得飞行机组无法有效阻止飞机下降,以及迅速改变飞机方向以便迫降。NTSB 认为,飞行机组在整个事故过程中的处理是合理和恰当的,不是造成该起事故的一个因素。

另外,云幕妨碍了机组看清地面,无法完成更成功的迫降,这加重了事故的严重程度。

亚特兰大 ARTCC 的管制员向亚特兰大进近管制切换的时机不是导致事故的因素。

尽管亚特兰大进近管制员没有发送自动天气观察系统(AWOS)频率或者提供天气信息,但是管制员仍然执行了较高优先级的任务;而且因为无论天气状况如何,航班都不得不在最近的机场着陆,所以不能向机组提供 CTJ 机场当地的天气信息不是导致事故的因素。

如果亚特兰大 ARTCC 在飞行员要求时就及时发布应急救援信息,也就是在事故发生前 10min,那么人员反应就会更快,救援可能会更加及时和有效。

这起事故中,飞行机组和客舱机组之间没有考虑和交流为飞机紧急着陆或者撞击做准备的可用时间方面的关键信息。

NTSB 认为,这起事故的可能原因是螺旋桨叶片空中疲劳断裂、分离,导致左侧发动机整流罩变形,造成阻力加大,机翼升力损失,减弱了飞行机组对飞机方向的控制。而左侧发动机螺旋桨四个叶片中的一个在空中与螺旋桨分离,是因为存在着疲劳裂纹,该裂纹来源于锥孔表面上的多重腐蚀凹槽,凹槽从叶片内侧向叶片外侧扩展,在锥孔两侧达到了临界尺寸。

4. 维修差错分析

1) 螺旋桨叶片失效分析

对于前面提到的那两起螺旋桨叶片失效事件,1994 年,相关国家事故调查部门进行了调查,一起在巴西,是同样型号的叶片;另一起在加拿大,是类似型号的叶片。这两起失效都是腐蚀造成的。迹象表明,当空气中夹带的水分与漂白软木(其作用是确保用于叶片配平的铅丝保持在螺旋桨锥孔内)中的余氯起反应时,腐蚀就产生了。而 ASA 航空公司的事故叶片在最初 0.049 英寸裂纹深度上呈现出几乎连续多层的氧化沉积物,这些沉积物上存留着大量的氯。NTSB 认为,事故螺旋桨叶片的锥孔部位存在腐蚀损坏,分离的螺旋桨叶片初始疲劳裂纹部位出现了氧化层,这跟前两起螺旋桨的失效情况是相同的。然而 1994 年 6 月,Hamilton Standard 公司位于罗克希尔的用户支持中心曾按照 PS960A 打磨修理程序,将氧化条件和软木中的余氯从事故叶片上清除了。也就是说,经 PS960A 程序修理后,氧化沉积物就不会在裂纹进一步蔓延后继续形成。因此,断裂处(表面以下深度 0.049 英寸)的氧化层的长度实际上反映的是在罗克希尔修理时就存在的裂纹的长度。

(1) 事故叶片在 1994 年 6 月的检查、修理和返回服役情况。

① 不恰当使用 PS960A 打磨修理技术。检查和维修事故叶片的维修技术人员首先确认了事故叶片的不合格超声波显示结果，随后用内窥镜目视检查了锥孔是否存在腐蚀、凹槽或者裂纹迹象。该机务人员在记录中写道，"无可见缺陷发现，打磨不合格区域"，并使用 PS960A 中的打磨修理程序去除不合格的超声波显示，后来发现该打磨区域是腐蚀凹槽的起始位置。

显然，Hamilton Standard 公司维修技术人员最初使用 PS960A 程序只是为了通过对可见的机械损伤进行打磨修理，去除叶片锥孔内部因机械损坏导致的应力集中来源，而没有注意到该表面是否进行过喷丸处理。PS960A 中关于锥孔表面光洁度的说明特别强调"不得有未打磨的机械损伤"，FAA 审查并批准了该项修理。然而，Hamilton Standard 公司机务人员将 PS960A 打磨修理扩展到了凡是有超声波显示异常的区域，即便该区域没有发现有造成超声波显示异常的明显机械损伤。

对于 Hamilton Standard 公司超出 PS960A 程序原有的目的（打磨机械损伤），将适用范围扩大到因喷丸痕迹引起的超声波显示异常的区域，NTSB 从工程角度考虑这样做是否适当。由于之前那两起叶片分离事件中，裂纹都是因腐蚀引起的，因此 Hamilton Standard 公司没有理由相信锥孔上的机械损伤会引发裂纹。因此 NTSB 认为，Hamilton Standard 公司机务部门决定使用 PS960A 打磨修理技术去除因喷丸痕迹引起锥孔表面的超声波显示异常在技术上是合理的。尽管如此，在将执行程序向 Hamilton Standard 公司内部人员进行通报方面是有欠缺的，该决定只在工程技术部门高层管理人员之间通过电话会议的形式进行了沟通，却没有通报给委任工程代表（DER）或者 FAA。随后公司将该情况记录在备忘录中，但是并没有说明 PS960A 程序被扩大范围使用，也没有提及锥孔是经过喷丸的，只提到叶片因超声波检查不合格而返修，应当"按照 PS960A 程序修理"。随后，该决定由罗克希尔工厂的工程管理人员口头传达给员工。于是机务人员们认为，公司授权他们使用 PS960A 打磨修理程序，以去除超声波显示异常，这个程序对喷丸过和未喷丸的叶片都可以使用。这说明该决定要么被误传了，要么被误解了。

尽管 Hamilton Standard 公司管理层声称，扩展使用的 PS960A 打磨修理程序只适用于喷丸后的锥孔超声波显示异常，但被机务人员，至少被修理该事故叶片的机务人员理解成也适用于未经喷丸的锥孔超声波显示异常。由于不明原因的锥孔区域超声波显示异常暗示着存在裂纹，而且根据 Hamilton Standard 公司提供的统计数据，未经喷丸的锥孔叶片更易于腐蚀，而一旦腐蚀开始，就会出现裂纹，因此 Hamilton Standard 公司位于温莎洛克斯和罗克希尔的管理层应该向执行该程序的机务人员明确，扩大范围使用的 PS960A 打磨修理程序只适用于喷丸后的锥孔超声波显示异常。

② 事故叶片的打磨。证据显示，事故叶片经过 PS960A 程序打磨修理后，再次进行超声波检查时没有出现不合格或者值得报告的显示，因此被重新投入使用，安装在了事故飞机上。据此，NTSB 认为，按 PS960A 程序打磨修理留下的打磨划痕虽然不会引起事故叶片上疲劳裂纹的产生，但该划痕很可能使得有裂纹的叶片得以通过超声波检查。经 NTSB 实验室测量显示，只有很少一部分材料（厚度低于 0.002 英寸）在 PS960A 打磨修理后从锥孔表面上被去除，这么小量的减少不可能将超声波显示从 60% 或者 52%（分别为罗克希尔工厂先前进行在翼检查和接收检查时记录的显示值）降低到 40%（必须记录在检查

单上的最小值)以下。调查人员经过分析认为,超声波探伤的原理是通过传感器接收超声波探伤束的反射,来查看锥孔表面的情况,如果有裂纹等缺陷,便可以发现。但是经过 PS960A 程序打磨修理后的锥孔表面会产生打磨划痕,变得很粗糙,从而影响了波束的反射。这可能是使超声波显示值降低的主要原因。NTSB 得出的结论是,在按照 PS960A 程序进行打磨修理的过程中,锥孔表面光洁度未能恢复到原始表面光洁度是造成超声波显示值降低的因素之一,超声波显示值降低表示叶片通过了超声波检查,可以投入使用,这样就导致了事故的最终发生。

从事打磨修理事故叶片的维修技术人员既没有 FAA 颁发的维修人员执照,也没有作为 FAR145 部维修单位的雇员所要求的执照。该技术人员说,他可以对他有资格执行的工作进行签署。查看维修记录表,其上列出了打磨修理表面平均光洁度 63(即光洁度为光滑级)的要求,还有该技术人员的签字,确认完成了锥孔打磨修理操作。但是除了后续超声波检查确认不合格的显示已经消除外,没有对事故叶片做其他检查。为此,NTSB 认为,FAA 应考虑是否有必要对按 145 部运营的维修单位里未取得执照的维修技术人员完成的工作进行检查,以确保圆满完成指派的任务。

(2) Hamilton Standard 公司腐蚀探测程序。

① 内窥镜检查。从工程和适航角度看,PS960A 打磨修理程序的适用性是基于打磨区域没有裂纹或者腐蚀的前提下的。然而,调查人员发现,在检查和修理 490 片返厂叶片的最初阶段,尽管人们对于 PS960A 修理程序的制定和实施非常重视,但对于该程序能否有效检测裂纹和腐蚀却很少考虑。

由于锥孔内径小于 1 英寸,因此需要使用内窥镜检查裂纹和腐蚀。但是这种内窥镜不能提供间接照明(间接照明能发现表面深浅度的变化),只提供直接照明,而直接照明产生的眩光使得目视观察腐蚀情况更困难。这种直接照明内窥镜能够发现广泛腐蚀和严重变色,但不易发现轻微腐蚀和小裂纹。而且眩光使人眼疲劳,使得发现裂纹和腐蚀的可能性越来越低。因此 NTSB 认为,1994 年 6 月由 Hamilton Standard 公司开发并用于对出现不合格超声波指示而返修的叶片进行裂缝、凹槽和腐蚀探测的内窥镜检查程序是不足和无效的。

② 维修技术人员的培训和监督。调查发现,Hamilton Standard 公司的新员工通常接受大约 250 课时的一般培训后上岗,负责锥孔区域的员工还有 90 课时的在职培训。但是,在职培训不提供腐蚀或裂纹的照片或模型,维修技术人员对锥孔内部的腐蚀或裂纹到底是什么样子不熟悉,因此对一些细微的外观,比如事故叶片上的腐蚀外观,他们意识不到是腐蚀。

NTSB 认为,尽管 Hamilton Standard 公司罗克希尔用户服务中心对新员工和没有经验人员的介绍性技术培训可能是充分的,但对负责修理因在翼超声波检查不合格返厂的叶片的维修技术人员提供的专门培训是不充分的,不足以确保他们熟练地检测锥孔腐蚀或者相关裂纹。

③ 检查程序的修改。NTSB 注意到 Hamilton Standard 公司和 FAA 曾做出的决定,即终止按照适航指令(AD)95-05-03 完成重复性的超声波检查,改为通过一次性目视内窥镜检查探测腐蚀或者采用先前的 PS960A 程序修理完成,尽管目视内窥镜检测方法查出概率(POD)可能低于 100%。

这个决定的结果是,当事故叶片经过了目视检查、修理和 PS960A 程序(包括锥孔内窥镜检查)后,就不必再做进一步的超声波检查或者目视检查了。Hamilton Standard 公司和 FAA 对目视检查的期望过高,这是不现实的,特别是使用手持式直接照明的内窥镜,而且维修技术人员也没有见过明确的例子,不知道什么样的状态是不合格的。

2)叶片共振的影响

1995 年秋,Hamilton Standard 公司模拟了锥孔疲劳裂纹的成长过程。他们对 Inter-Canadien 航空公司一架 ATR-42 飞机断裂叶片进行断裂力学分析,初步结果显示,裂纹从叶片的腐蚀凹槽处生成并逐渐蔓延。然而分析显示,较小的腐蚀凹槽,比如 ASA 航空公司事故飞机上的叶片和巴西 Nordeste 航空公司失效的叶片上发现的腐蚀凹槽,是不会产生裂纹的。

因此 NTSB 认为,在 2P 共振(螺旋桨每一次旋转发生两次)和地—空—地(GAG)循环(一个 GAG 循环包括用于起飞、爬升、巡航、下降和着陆后反推的发动机功率)应力的共同作用下,促使事故叶片从腐蚀凹槽处开始产生裂纹,并造成飞机正常运行状态下该裂纹的进一步蔓延。

3)振动测试

NTSB 认为,FAA 应该修订咨询通告(AC)20-66,增加对复合材料螺旋桨叶片的振动测试,这些复合材料叶片包括先前已经使用一定小时数的叶片,以及那些已经按照 FAA 批准的维修手册中规定的限制进行修改,以确定寿命对螺旋桨振动预期影响效果的叶片,并针对螺旋桨叶片自然频率和螺旋桨运行状态下的励磁频率之间的转速裕度提供指导意见。

4)叶片失效带来的影响和终止修理分析

在飞机残骸散落的路径上找到了断裂的前进口机匣的前半部分,它原本安装在左侧发动机减速齿轮箱上。该齿轮箱也断裂了,漏出了滑油,一些齿轮箱内部构件遗失。减速齿轮箱机匣在空中断裂,很可能导致了齿轮箱组件的遗失和乘客们报告的液体流出。

从发动机安装前支架和左侧发动机前框架的损坏情况可以看出,螺旋桨减速齿轮箱首先从内侧安装位置向上分离,接着是外侧安装位置的后部和外侧失效,发动机支架的失效是负荷过大造成的。

事故飞机上叶片分离带来的不平衡载荷明显超出了减速齿轮箱附着点的设计强度。在这种情况下,减速齿轮箱一直保持在飞机外侧位置,乘客们也观察到这一点,从螺旋桨叶片最初分离时刻一直保持到飞机最初与地面撞击时。

由于当时的法规并没有要求在叶片断裂的情况下,需要保证机身完好,而且 Embraer 公司也确认了 EMB-120 飞机不能保证在中段叶片或者全部叶片脱离的情况下,飞机依然安全,所以最大程度降低螺旋桨叶片分离的可能性就是极其重要的。为了避免失效的发生,有必要确保以腐蚀或者机械损坏形式出现的应力诱导不得发生在任何螺旋桨叶片上。

NTSB 同意 1996 年 3 月服务公告(AC 中也要求)中规定的锥孔修复程序,应将现存的所有螺旋桨锥孔表面恢复到几乎全新的状态。此外,由于 Hamilton Standard 公司已在日常叶片配平中禁止使用机械式的铅清除方法,因此未来机械损伤的可能性已大大降低。

然而,虽然在探测和消除了涉及氯的腐蚀或者机械损伤后可以终止锥孔修理程序,但是NTSB担心,飞机经常暴露在少量水分或者其他大气成分环境中,再加上按照部件修理手册(CMM)规定执行的经常性检查程序、较低的使用率或者长期存储,这些都会使得大气诱发的腐蚀从锥孔处开始。NTSB了解到,P-3和C-130飞机螺旋桨锥孔腐蚀情况和裂纹的出现与长期存放有关,也正因为这个原因,NTSB认为,尽管Hamilton Standard公司采取了各种措施,FAA也进行了措施跟踪,但是Hamilton Standard公司受影响螺旋桨叶片的锥孔区域仍然存在潜在的持续腐蚀的可能性。因此,NTSB认为,FAA应要求Hamilton Standard公司考虑长期空气暴露下引发的腐蚀现象,并修订CMM的检查程序,以反映出锥孔内部任何腐蚀探测的适宜间隔时间。

综上所述,在维修方面NTSB认为:

(1) Hamilton Standard公司工程部门决定使用PS960A打磨修理技术以消除喷丸后锥孔表面的超声波指示,这在技术上是合理的。

(2) Hamilton Standard公司内部对未经许可扩大PS960A的适用范围的记录和沟通方式有问题,而且对扩大的范围缺乏培训,这样就产生了混乱,导致对带有不明超声波指示的、未经喷丸处理的叶片误用了打磨修理技术,事故叶片就这样带着已有的裂纹重新投入了使用。

(3) PS960A打磨维修留下的打磨标记没有生成事故叶片上的疲劳裂纹。

(4) 无法将锥孔表面恢复到PS960A要求的最初表面光洁度,影响了超声波指示,是造成叶片最终通过超声波检查并返回使用的一个因素。

(5) 1994年6月Hamilton Standard公司开发和使用了内窥镜检查程序,用来检查带有裂纹、凹槽和腐蚀等不合格超声波指示的返修叶片,是不充分和缺乏效率的。

(6) Hamilton Standard公司罗克希尔用户服务中心对新员工和没有经验的人员的介绍性技术培训可能是充分的,但对于负责超声波叶片检查的维修技术人员来说,他们的培训是不充分的,不能保证熟练地检测锥孔腐蚀或者相关裂纹。

(7) 如果Hamilton Standard建议,并且FAA要求,所有发现缺陷的螺旋桨需要重复超声波检查和改善检查过程(特别是那些已经检查过的),那么事故叶片上的裂纹很可能被检查出来。

(8) 2P共振和GAG循环应力结合在一起,使裂纹从ASA叶片上的腐蚀凹槽中开始萌生,并在正常运行条件下蔓延,直至失效。

(9) AC20-66中并没有提供在整个叶片寿命内,螺旋桨叶片自然频率与它潜在同步励磁频率之间留有充足裕度的指导意见。

(10) Hamilton Standard公司受影响的螺旋桨叶片锥孔上有潜在持续腐蚀的迹象。

(11) Hamilton Standard公司PS960A打磨修理程序扩大范围使用未申请FAA的批准,FAA对此不知情,这影响了FAA对Hamilton Standard公司处理锥孔裂纹和腐蚀问题的监管,并导致扩大范围使用的记录不全,造成了混乱和不当修理。

5. 安全建议

针对事故调查结果,NTSB向FAA提出了以下安全建议:

(1) 要求Hamilton Standard公司审查和评估执行螺旋桨叶片打磨修理所需工具、培训和程序的充足性,并确保这些打磨修理的执行过程是正确的(A-96-142)。

(2) 审查是否有必要对按145部运营的维修单位里未取得执照的机务人员完成的工

作进行检查,以确保圆满完成指派的任务(A-96-143)。

(3)修订AC20-66,增加对复合材料螺旋桨叶片的振动测试,这些复合材料叶片包括先前已经使用一定小时数的叶片,以及那些已经按照FAA批准的维修手册规定的限定进行修改,以确定寿命对螺旋桨振动预期影响效果的叶片,并针对螺旋桨叶片自然频率和螺旋桨运行状态下的励磁频率之间的转速裕度提供指导意见(A-96-144)。

(4)要求Hamilton Standard公司考虑长期空气暴露下引发的腐蚀现象并修改CMM检查程序,以反映出锥孔内部任何腐蚀探测的适宜间隔时间(A-96-145)。

(5)要求Hamilton Standard公司审查,必要时修订下述政策和程序:①工程决策制定上的内部沟通和记录;②将DER和FAA包含进来,以确保内部以及与FAA在所有重大工程决策上有充分的沟通(A-96-146)。

(6)空管通告中应加入:关于当飞行员请求应急协助时,及时将坠毁、起火和救援人员等情况进行上报这一做法的必要性和重要性,并强制向所有空中交通管制员正式传达,确保所有ARTCC的管制员能够意识到这样的需求可能需要他们通知当地救援人员(A-96-147)。

(7)修订AC120-51B(机组资源管理训练),使其包含紧急状态下,飞行机组和客舱机组成员之间在时间管理信息上的沟通(A-96-148)。

阿拉斯加航空公司 261 号航班空难

阿拉斯加航空公司 261 号航班是定期国际航班,由墨西哥瓦利亚塔港(Puerto Vallarta)国际机场起飞,前往美国华盛顿州西雅图的塔科马国际机场,途中计划经停加州的旧金山机场。航班于 2000 年 1 月 31 日当地时间下午 4 点 19 分在距离加州的阿纳卡巴岛(Anacapa)以北 2.7 英里(4.3km)处坠于太平洋水域,机上 2 名飞行员、3 名乘务员和 83 名乘客全部遇难,飞机也由于受到严重撞击而解体。失事飞机是一架 MD-83,是 1992 年制造的,在失事前已经飞行 26000h。

1. 事故叙述

下面简要叙述一下事故发生的经过。阿拉斯加 261 号航班于 2000 年 1 月 31 日当地时间下午 1 点 37 分由墨西哥瓦利亚塔港国际机场起飞。13 点 40 分 12 秒,飞机正常爬升到接近 6200 英尺的高度,此时自动驾驶仪接通,然后飞机继续爬升。爬升到 23400 英尺高度时,也就是在当地时间下午 1 点 49 分 51 秒,飞机水平安定面从 0.25°上升到 0.4°就再也不动了。飞行机组发现水平安定面操纵失灵,似乎有卡住的感觉,于是就与华盛顿州西雅图塔科马机场的航空公司签派及维修控制人员联系,同时还在共享的公司无线电通话中与洛杉矶国际机场的运行和维修部门联系,讨论水平安定面卡阻和为此而改航飞往洛杉矶的问题。此时,不管是飞行机组还是公司维修部门的地面人员,都不能确定水平安定面卡阻的真正原因,尽管飞行机组使用主配平控制系统和备用配平控制系统多次试图克服这种卡阻,但是均未成功。

在这一阶段的飞行期间,飞行机组有几次与公司签派人员讨论关于是否改变航线,向洛杉矶飞还是继续按计划向旧金山飞。出于气象等多方面因素考虑,飞行机组想要改航到洛杉矶,而签派人员出于飞行计划考虑,试图让飞行机组继续向旧金山飞。

在水平安定面失灵的情况下,为了保持飞机平稳飞行,飞行机组不得不用手动操纵。使用大约 50 磅的拉力向上拉动操纵杆,总算拉平了飞机,还能控制飞机平稳飞行。飞行两个小时 20 分钟后,在当地时间下午 4 点 09 分,飞行机组在自动驾驶仪断开后,用力操纵主配平控制系统,终于克服了卡阻,使水平安定面开始动作。但是糟糕的是,水平安定面卡阻解除后,不是正常运动,而是很快地移动到一个极端下俯位置,也就是按飞行数据记录器(FDR)数据显示,从 0.4°移到 2.5°,飞机机头下俯,急速下降。在大约 80s 的时间内,飞机从大约 31500 英尺高度下降到 23000 英尺到 24000 英尺之间。飞行机组奋力控制飞机,用 130 磅~140 磅的拉力来拉动操纵杆,才阻止住飞机以每分钟 6000 英尺的速度下降,并且将飞机稳定在大约 24000 英尺的高度上。

阿拉斯加 261 号航班飞行机组将操纵问题告知了空中交通管制部门,并要求在洛杉矶着陆。塔台问他们是否要降低一下高度,以便准备着陆进场,机长回答:"我需要大约 10 分钟后下降,我要尝试改变一下飞行控制姿态,看是否还能控制飞机。"于是他命令副驾驶放下缝翼和襟翼,副驾驶照令而行。缝翼和襟翼放下后,飞机飞行平稳,速度缓缓减小。这种姿态应该是好的,应当继续保持。但是,过了没有一分钟,机长不加说明地又命令副驾驶收起缝翼和襟翼,副驾驶似乎有点不情愿,但还是照做了。一收起缝翼和襟翼,飞机飞行速度立即增大,飞机更加失控。此时,飞行机组似乎无力控制飞机了,机长也几乎难以听进克服配平失控的意见了,还是果断地命令副驾驶准备在洛杉矶迫降。

根据 FDR 的数据显示,飞机在当地时间下午 4 点 09 分克服了水平安定面升降螺杆组件的卡阻问题,发生第一次飞机下俯,急速俯冲下降,经飞行机组奋力操纵,暂时稳住了飞机。飞行大约将近 10min 后,也就是下午 4 点 19 分的时候,在缝翼和襟翼收上之后,飞机开始再一次、也是最后一次急速俯冲下降,这时飞机已经完全失去控制。看到此种情况,空中交通管制部门曾警示附近飞行的几架飞机的飞行员,密切注视这架要出事的飞机,于是这几架飞机的飞行员立即与空管人员联系。一个飞行员通过无线电报告说,他看到该飞机正开始大速度向下俯冲,另一个也报告说:"是的,先生,哎呀,我看到了,真的,飞机在急速下降!"此时,空中交通管制员试图与阿拉斯加 261 号航班飞行机组联系,但无果。接着,西澳航空公司班机上的飞行员报告说:"那架飞机肯定失去控制了⋯⋯唉,完了!"虽然通过驾驶舱话音记录器(CVR)捕捉到副驾驶呼喊的求救信号"Mayday",但该信号未通过无线电发出。

CVR 数据揭示,在飞机最后一次俯冲下降期间,飞行员始终没有放弃挽救飞机。他们试图用力拉起飞机,然而飞机已经不能恢复正常飞行。在最后 81s 的时间内,飞机急剧下降了 18000 英尺,下降速度为每分钟 13300 英尺。可想而知,以这样的俯冲速度撞击太平洋水域,那将会是怎样的悲惨结果!机上人员无一生存,飞机解体,水面上漂浮着大大小小不等的残骸碎片,这是 MD-80 系列飞机自问世以来最严重的灾难性事故!

2. 事故调查

事故调查由美国国家运输安全委员会(NTSB)负责,大体分为如下三个阶段。

第一阶段,事故现场调查。

这一阶段包括飞机残骸打捞、实物检查和文件对证等,在 2000 年 2 月 1 日至 3 月 15 日期间完成。首先调查人员组织人力,动用遥控运载工具和侧扫声纳设备等,对水下的飞机残骸碎片区域进行彻底搜查,然后再用拖车把这些碎片从水底拖到岸上,所有打捞上来的残骸都卸在加州的怀尼米港(Hueneme),便于细查和文件说明。

大约有 85% 的机身残骸被打捞上来,最大的几段来自飞机下部地板。飞机机身上部已破成更小的碎片。通过细查,机身没有发现任何撞击之前或撞击之后的燃烧痕迹,也没有发现任何先前存在的裂纹或异物撞击造成的损伤。

两边的机翼大部分打捞上来,发现左机翼比右机翼损伤严重。

尾部残骸有大约 85% 打捞上来,包括水平安定面和垂直安定面、发动机,以及几乎所有尾翼操纵面。大部分水平安定面打捞上来,包括中央齿轮箱以及左、右外段。此外,两台发动机、FDR 和 CVR 等,都分别找到,也打捞上来,并于 2 月 2 日和 3 日分别将两台飞行记录器送到位于华盛顿特区的 NTSB 总部实验室,以便进行数据解读和分析。对打捞上来的发动机残骸及其相关组件,经检查未发现任何燃烧痕迹或非包容性损伤。

由于严重撞击,水平安定面断裂成几片,其右侧比左侧损伤厉害,垂直安定面 1.5 英尺段处发现固定在水平安定面的枢轴接头耳块均已被剪切掉。水平安定面前梁下盖距中心线 3.5 英尺处有 1.5 英寸的压陷,这与水平安定面的升降舵螺杆(或称升降螺杆,简称梯形螺纹杆,与之相对应的是梯形螺纹帽)的碰撞挤压有关。还有就是水平安定面升降螺杆组件侧面固定板有大约 1.25 英寸的左弯曲损伤,侧板耳块也有部分破损。

经进一步检查发现,水平安定面升降螺杆组件的主要支撑元件都是完好无损的,并固定在水平安定面的前梁上。在梯形螺纹杆上发现有裂纹,但仍然固定在支撑组件上。还发现梯形螺纹杆的中心部分有金属丝缠绕,实际上这些金属丝就是从梯形螺纹帽上因螺纹磨损脱落下来的残余物。

经 NTSB 冶金专家对梯形螺纹部位的现场目视检查和触摸检查,没有发现润滑脂的痕迹。在梯形螺纹的中心工作区域,既没有半流体的润滑剂痕迹(即新涂的润滑剂),也没有固体的、干的润滑物(即旧的或已退化的)痕迹,和其他润滑剂残留物。

第二阶段,实验室检查阶段。

NTSB 的冶金专家在 2 月 9 日至 11 日完成现场实物检查后,接着在实验室对实物进行更细致的检查。承担这些检查任务的实验室有:位于华盛顿特区的 NTSB 的材料实验室、位于加州长滩的波音商用飞机集团的材料与工艺工程实验室,以及位于加州圣安娜的航空与航天综合实验室。实验室冶金分析检查主要集中在水平安定面、升降螺杆组件及其相关构件上。

通过实验室对梯形螺纹杆的反复细查发现,在其中心工作区域,有一些小的、又干又硬的油脂固着在某些螺纹残余物上;梯形螺纹杆的下部螺纹(位于工作区域的外部)部分地被沙子和油脂混合物所覆盖,部分梯形螺纹杆上部 6 到 8 个螺纹处具有滑油的光泽,并且在各螺纹之间有类似油脂材料的、小的沉积物。

沿着大部分梯形螺纹杆长度上,发现有腐蚀麻点儿和镀蚀区域。腐蚀和镀蚀最严重的区域是沿着梯形螺纹杆的下半部分。在梯形螺纹杆上的一片很大的区域有白色沉积物覆盖,通过化学分析认为,这些沉积物是来自固定在梯形螺纹杆组件上部的镁合金齿轮箱机匣的腐蚀碎屑沉积。另外,围绕梯形螺纹杆上还发现有金属碎屑物,这是梯形螺纹帽上的金属磨损物。因为梯形螺纹杆通过固定的梯形螺纹帽转动,就会产生上下运行,来驱动水平安定面配平系统工作,从而控制飞机的水平稳定。

不管是现场目视和触摸检查,还是在实验室里用高倍放大镜观察,在梯形螺纹帽内径上的螺纹区域都没有发现润滑脂的痕迹。其内径上的螺纹呈现出一个相对平滑的表面,仅仅残留有梯形螺纹的一些螺文脊,这说明其内螺纹磨损严重。用显微镜观察发现,从梯形螺纹帽内部埋头孔取出的样品多数由黑色粉末材料、黑白混杂材料的较大碎片,以及铜色的金属碎屑颗粒组成,这些金属碎屑颗粒仍然还是一些梯形螺纹帽的磨损残留物。

通过实验室多次检查分析发现,梯形螺纹帽上大约 90% 的螺纹被磨损了,一旦螺纹损坏,势必导致水平安定面配平最终失效。按照事故前最后一次对升降螺杆组件的检查时间计算,其平均磨损速率为每 1000 飞行小时 0.012 英寸,远大于预期的磨损速率,预期的磨损速率应为每 1000 飞行小时 0.001 英寸。

第三阶段,对维修管理与适航监督方面的调查。

对于如此严重的磨损程度,NTSB 考虑到许多潜在的原因,诸如阿拉斯加航空公司用 Aeroshell 33(壳牌 33 号航空润滑脂)代替波音批准的 Mobil 28(美孚 28 号润滑脂),对各关键部件未充分进行润滑等。通过对升降螺杆和螺帽的仔细检查可以断定,在事故发生前,没有对这些部件进行有效的润滑。最终由于缺乏润滑以及梯形螺帽内螺纹的过量磨损,直接导致了事故的发生。

为此,调查人员不得不进一步调查为什么航空公司定期维修未能充分地对升降螺杆组件进行润滑。事故前的最后一次润滑是该航空公司在旧金山的机务人员于1999年9月进行的。经过询问,调查人员才知道,这个机务人员用了大约1个小时的时间完成了对升降螺杆组件的润滑任务,而飞机制造厂预计该任务需要4个小时才能完成。这说明,负责升降螺杆组件润滑的旧金山的机务人员没有按照要求完成失事飞机的最后一次润滑任务。实验室的各项实验还表明,从1999年9月到飞机失事,只不过四个月的时间。在如此短的时间内,升降螺杆组件就有如此过量的磨损,真是不可思议。因此,NTSB认为,造成这次事故的原因绝非仅仅是最后一次润滑漏掉或者没有充分进行,言外之意是,背后还有许多因素有待调查了解。

为了监控升降螺杆组件的磨损情况,航空公司维修计划有一项定期维修检查,称作"轴向间隙检查"。为此,NTSB调查人员就向维修部门提出,为什么在1997年9月对该失事飞机进行最后一次轴向间隙检查时未能发现该组件过量磨损的现象?经过调查才发现,阿拉斯加航空公司用自己制造的相关工具进行轴向间隙检查,但这些工具没能满足制造厂的要求。通过试验发现,阿拉斯加航空公司采用的这些非标准工具("限动夹具")会产生测量误差,同时还发现,在最后一次测量时,如果测量结果准确,那么这些测量结果应当会显示出存在过量磨损的情况,从而需要更换受影响的各个部件。

在1985年到1996年之间,阿拉斯加航空公司不仅逐渐延长了升降螺杆组件的润滑周期,而且也延长了该组件的轴向间隙检查周期。这些延长的周期均经过了美国联邦航空局(FAA)的批准。为此,NTSB需要进一步了解这些周期延长是否合理。就延长的润滑周期来说,调查人员不能确定在1996年前,阿拉斯加航空公司向FAA提供了什么资料,如果有的话,也是波音公司提供的。对于1996年批准的润滑周期延长的事,FAA的一个监察员也证实了这一点,作为周期延长的正当理由,阿拉斯加航空公司向FAA提供的证明资料是从波音公司得到的。

轴向间隙检查是在定期的"C检"期间进行的。阿拉斯加航空公司负责可靠性和维修方案的主任证实,他们向FAA提交了以五架样机的维修历史记录为依据的一套数据分析资料,之后FAA批准将轴向间隙检查周期延长到每两次"C检"完成一次。单个维修任务(例如轴向间隙检查)没有在这次周期延长中给予单独考虑。NTSB发现,阿拉斯加航空公司的轴向间隙检查周期延长应当有充分的技术资料来支持,以证明这种延长不会出现潜在的危险。但实际情况是:公司没有这种技术资料来支持。

NTSB于2000年4月对监管当局做了专门审查,结果发现,对于几年来在阿拉斯加航空公司普遍存在的重大缺陷,FAA如果能提早发现,及时纠正,则阿拉斯加航空公司261号航班的灾难性事故也许不会发生。还有,FAA对阿拉斯加航空公司的维修方案的监督也存在一些问题,诸如检查人员的配备,维修周期延长的批准程序,以及航空器审定要求等。

3. 事故分析

事故分析一定会涉及到失事飞机纵向配平系统的灾难性故障、飞行机组事故飞行中的决策、梯形螺纹帽上的螺纹过量磨损的可能原因、监控梯形螺纹帽螺纹磨损程度的重要性,以及监控方面存在的缺陷、升降螺杆组件大修程序和检查程序及设施、阿拉斯加航空公司维修方案的缺陷、FAA的监督检查,以及水平安定面的设计与审定问题。

根据FDR的数据显示,在当地时间下午1点49分51秒,飞机以331kn的空速爬升到234000英尺高度时,水平安定面操纵失灵,飞行员不论用主操纵系统还是备用操纵系统都无法克服。飞行机组意识到纵向配平系统可能被卡住,但是不能确定卡阻原因,联系地面维修人员,阿拉斯加航空公司的地面维修人员也不知道卡阻原因。

找出水平安定面卡阻原因,还是先从梯形螺纹帽上的螺纹严重磨损程度以及如何被剪切上加以分析。水平安定面升降螺杆组件包括一个梯形螺纹杆和一个梯形螺纹帽,它们各有两套独立的螺纹系统。如前面提到的,梯形螺纹帽的螺纹受到了过量磨损,其磨损量竟然达到螺纹厚度的约90%,而实际允许的最大磨损量只有22%。梯形螺纹帽的每一套螺纹系统按360°螺旋上下旋转能转16圈,两套就是32圈。计算表明,即使两套螺纹在事故前磨损程度相同,那么同时剪切掉螺纹帽的所有32圈螺纹需要190000磅的力,而实际上飞机从起飞到爬升期间,加到升降螺杆组件上的飞行载荷只有4000磅～5000磅。由此可见,磨损的梯形螺纹帽的螺纹的螺旋转动圈数不可能同时沿着整个长度被剪切,而是在飞机俯冲配平运动期间被梯形螺纹杆的螺纹剪切掉的。

通过进一步计算分析,如果螺帽的螺纹与事故前的磨损程度都相同,剪切掉梯形螺纹帽一圈360°旋转的螺纹大约需要6000磅～7000磅的力。但是,NTSB所做的有限元分析(FEA)研究表明,对于很重的螺纹磨损程度,例如失事飞机的梯形螺纹帽的螺纹磨损程度,会产生各种弯曲应力,这些应力要比直接接触压力产生的应力大得多。该研究还表明,由于作用在高速磨损的旋转螺纹上的2000磅负荷引起了弯曲变形,这对螺纹的作用会产生巨大变化,这说明有可能是结构性破损,而非剪切性的。

NTSB与波音公司的有限元分析专家进一步研究了梯形螺纹帽在负荷情况下的应力与变形,结果表明:磨损过程是一个递增的过程。在这个过程中,载荷和综合磨损是沿着梯形螺纹帽的所有32圈螺旋螺纹位移并扩展的。这样,由于弯曲递增而诱发的螺纹剪切磨损多数可能沿着螺纹的螺旋方向扩展,逐渐导致其完全破损。

NTSB最终的分析结论是:水平安定面梯形螺纹帽内部的磨损螺纹是由于受梯形螺纹杆的磨损而逐渐被剪切的,并在事故飞行中完全被剪切掉。NTSB还进一步指出,当飞机爬升到23400英尺高度时,梯形螺纹杆和螺纹帽互相卡住,进一步阻止了水平安定面的运动,直到飞机第一次俯冲。NTSB的调查人员考虑到有诸多因素可能会导致梯形螺纹杆与螺帽相互卡阻,包括在剪切之前或剪切过程中磨损螺纹的弯曲,在其受剪切之后残留物发生变形,以及受剪切之后由梯形螺纹杆通过残余螺纹脊上拉产生的负载等。然而,至于确切的卡阻原因,NTSB还是难以确定的。

FDR的数据显示,水平安定面卡住后,飞机继续飞行到31050英尺高度上。在当地时间下午4点09分,飞行机组关断自动驾驶仪,再次尝试用主配平马达来驱动水平安定面。就在自动驾驶仪断开3s～4s的时间内,水平安定面从0.4°飞机机头下俯的卡住位置运行到了超过飞机最大的下俯位置。根据FDR的数据分析,这种配平运动速度不均匀的情况极不符合正常的配平操作,不论是主配平马达还是备用配平马达,都不应该产生这种操作指令。

梯形螺纹杆和螺纹帽之间的卡阻克服以后,梯形螺纹杆在航空动力载荷的作用下,通过其螺帽产生往上提拉的运动,从而引起水平安定面向上运动,其前缘也随之向上运动,结果使飞机产生更大的下俯角,引起飞机急速俯冲。本来这种向上提拉运动还会继续下去,直到梯形螺纹杆上的下部机械止动块接触到梯形螺纹帽的下表面后才会止住。

波音工程数据和计算机建模对水平和垂直安定面的模拟分析表明,在正常情况下,如果梯形螺纹杆通过其对应的梯形螺纹帽自由运动,水平安定面应当从3.1°的飞机下俯位置开始运动。在这个位置上,水平安定面是通过下部的机械止动块来保持的,并且在3.6°的飞机下俯角上与垂直安定面的翼尖整流罩托架接触。从结构上分析,水平安定面这种运动行程的增大,只会引起梯形螺纹杆的扭力管的破损。

通过对破损的扭力管复原截面的冶金分析证明,扭力管最终断裂是从一个低周期疲劳裂纹区域开始的。根据静力载荷条件的评估以及飞机性能数据分析,NTSB认为,扭力管能够承受飞机初始和最后俯冲之间加给它的单个最大载荷。但是低周期疲劳试验与分析、飞机性能数据,以及有限元分析都证明,在梯形螺纹帽的裂纹完全剪切后,加到扭力管上的载荷强度与频度共同增加了载荷偏离的情况,足以在扭力管上产生并扩展低周期疲劳裂纹。在飞机两次俯冲之间的10min之内,这种低周期疲劳裂纹严重降低了扭力管承受载荷的能力,结果使之在没有任何疲劳损伤的情况下,在远远低于它所能够承受的载荷的作用下产生破损。

如前述,在当地时间下午4点17分38秒,即在飞机第一次急速俯冲后大约将近10min之际,机长命令副驾驶打开缝翼和襟翼,几秒钟后襟翼和缝翼放下,飞机竟然奇迹般地飞行平稳。但是不到1min时间,机长又命令把襟翼和缝翼收上。这一收上,就更糟了,飞机严重失控,开始最后的俯冲,悲剧也就从此开始了。NTSB调查人员经分析认为,造成飞机最后俯冲的原因是扭力管低周期疲劳破损,接着就是垂直安定面翼尖整流罩托架失效,这样就引起水平安定面前缘快速向上运动,极大地超过了正常操作的升降螺杆组件允许的范围。水平安定面前缘向上运动的结果就产生了一个过大的气动尾翼载荷,从而引起一个不可控的飞机急速向下俯冲,从这个下俯角恢复拉平是不可能的。

通过以上的调查分析,人们对阿拉斯加航空公司261号航班失事的前因后果有了一个比较全面的了解。NTSB调查分析认为,飞机失事的可能原因是:由于水平安定面配平系统升降螺杆组件里的梯形螺纹帽上的螺纹在飞行中失效,导致飞机俯仰控制丢失。螺纹失效是由于阿拉斯加航空公司对升降螺杆组件的润滑不充分而产生了过度磨损,进而引起螺杆组件失效。

悲剧终究还是发生了。痛定思痛,它带给人们的教训是沉痛的,给人们带来的思考也是多方位的。NTSB在最终调查报告声明中这样写道,这是一个因维修不当造成的事故。阿拉斯加航空公司对其水平安定面驱动系统的维修与检查计划是很糟糕的,而对计划的执行也是极其糟糕的。当然,该起事故最终也是综合因素造成的。……退一步说,如果阿拉斯加航空公司有关部门的经理、机务人员、检查人员,以及局方的监察人员都恪尽职守,认真自觉地执行各自的任务,这场灾难也许不会发生。

维修差错显然与本次事故有直接关系,这在下面第四部分还要做进一步论述。下面就对与事故有关的其他因素,诸如飞行机组在事故飞行中的决策、局方的监督检查,以及设计与审定方面的缺陷等做一些简要分析,可谓是亡羊补牢吧。

1)飞行机组的错误决策

从上述对事故的调查与分析中不难看出,飞机从起飞到爬升都是正常的。爬升到

23400英尺高度时,发生水平安定面操作失灵,卡住不动,但是飞机还是可以控制的,直到2小时20分后,水平安定面卡阻解除,但进而飞机急速俯冲。在这么长的时间里,按常理,飞行机组在与地面签派和维修人员联系并按快速检查单程序试图排除故障无果后,最明智和最保险的选择应当是返航或在就近机场着陆。如果这样选择,这场灾难本来是完全可以避免的。然而,不幸的是,机长过于自负,总以为通过努力能够控制飞机飞行,于是作出了如下的错误决策。

(1)在水平安定面出现卡阻后,经努力不能克服,仍然决定继续飞行并改变航线,由原计划在旧金山着陆改为在洛杉矶着陆。

(2)经过尝试,在明知水平安定面主配平控制系统和备用配平系统都已失效的情况下,还接通自动驾驶仪,这明显是错误的。因为这违背了快速检查单的程序。

(3)在水平安定面卡阻解除,飞机发生第一次俯冲时,飞行机组,尤其是机长还是执迷不悟,企图用改变飞机飞行姿态来确定飞机是否能控制,于是命令副驾驶放下缝翼和襟翼,放下后即发现飞机飞行稳定,缓慢减速下降。这时如果这样保持下去,在最近机场或别的地方应急迫降,则灾难性事故也许会避免或灾难程度减小。但是没过一会儿,也就是在当地时间4点18分49秒,机长又不加说明地命令副驾驶收上缝翼和襟翼。这一收上,飞机立刻加速,失去控制,发生最后俯冲。飞机从第一次俯冲到第二次俯冲,大约飞行了10min,在这10min内,飞行机组要是决策正确,飞机事故也不至惨到这种程度。

(4)飞行机组为了克服水平安定面卡阻,曾反复操纵主配平控制马达,乃至备用配平控制系统,超出了阿拉斯加航空公司的检查单。虽然最终通过驱动主配平系统克服了梯形螺纹杆和梯形螺纹帽之间的卡阻,但这正如上面提到的,梯形螺纹杆在航空动力载荷的作用下向上提拉,加速螺纹帽的破损,从而也加速了飞机向下俯冲,加速了飞机的坠毁。

2)监管当局对航空公司监管缺失

前面已经提到过,FAA对阿拉斯加航空公司监督检查的确存在重大缺失。对于航空公司几年来普遍存在的重大缺陷,本来应当早就发现,但直到261号班机失事后,FAA总部率领的调查组才予以重视,把注意力真正集中在阿拉斯加航空公司身上。

几位FAA官员也承认,对阿拉斯加航空公司的监督检查力度不够的状态起码在事故发生前已有一年的样子。负责阿拉斯加航空公司维修检查的前FAA主任维修监察员证实,由于FAA在1988年10月用航空运输监督系统(ATOS)来代替项目跟踪与报告系统(PTRS)对阿拉斯加航空公司进行监督检查,在监管过渡阶段引起了很大的混乱,结果大大减少了监察员用在实际监督检查活动上的时间。他还说,由于实施ATOS要额外增加工作量并涉及其他一些管理更改,结果人力配备不够,就没有人去现场检查该承运人了。西雅图飞行标准地方办公室的审定管理办公室负责人也确认,自从引入ATOS系统后,他们监督检查的工作量通常可能有所减少。由此,NTSB经过调查分析认为,FAA对阿拉斯加航空公司的维修业务没有尽到正确的监察责任,单对阿拉斯加航空公司261号班机失事有关问题的监管缺失起码已有几年的时间。最后,NTSB着重指出,FAA应当以PTRS为基础,重新制定对阿拉斯加航空公司的监督检查制度。

3)水平安定面配平系统设计与审定问题

水平安定面配平系统在设计与审定上主要有以下三个问题。

第一,虽然DC-9飞机(包括MD-80/90和B717系列飞机)的水平安定面配平系统是关键的飞行控制系统,因为该系统的某些故障能引起灾难性事故,这种故障是指梯形螺纹杆和梯形螺纹帽功能丢失,但是,正如前面所提到的,系统设计人员却认为,即便一套升降螺杆组件的梯形螺纹杆和螺纹帽的螺纹失效,起码还有另一套是完整的,并正常地沿着载荷运行。因此他们在设计水平安定面配平系统时,就没有考虑到脱落的梯形螺纹帽上螺纹的相互作用(相互撞击),以及对飞机产生的相应影响。

第二,在 NTSB 听证会上,波音工程师辩解说,梯形螺纹帽螺纹丢失是一种"多点损伤事件模式",而不是可能的"单点损伤模式",所以设计是符合多点损伤模式要求的。FAA 的审定工程师也证实说,从任何一种系统安全分析或者结构上考虑,螺纹磨损不认为是一种损伤模式,并且他还认为,梯形螺纹帽和螺纹杆的设计足以提供充分超强的强度,以便在重大磨损情况下,仍然满足规章的审定要求。然而,事实胜于雄辩,阿拉斯加航空公司 261 号班机失事事件充分证明,由于螺纹的过度磨损,梯形螺纹帽的两套螺纹完全失效,这是灾难面前铁的事实,这还有什么可争辩的呢?

NTSB 对上述论点分析指出,梯形螺纹杆和螺纹帽的双套螺纹设计不能充分保证梯形螺纹帽的螺纹不会被过度磨损。虽然波音的工程师争辩说,沿着整个长度上的螺旋式螺纹可提供结构上的安全裕度,但 NTSB 指出,每一套螺旋式螺纹在飞行中总是要承受载荷的,并且在飞行中两套螺旋式螺纹都承受相同的磨损机构的磨损。这样,虽然双套螺纹设计可以阻止一套螺纹里的裂纹沿着另一套螺纹传播,但是对于同时发生的磨损失效,两套螺纹仍然是容易损坏的。因此,NTSB 总结说,两套螺纹设计对于磨损损伤来说是不能提供安全裕度的。

第三,一个波音结构工程经理曾表示,梯形螺纹帽是符合按照结构疲劳评估的审定要求的。按照民用航空条例(CAR)4b.270"飞行结构疲劳评估"的规定,飞行结构件的疲劳评估既要求疲劳强度(简称"安全寿命"),又要求破损安全强度(简称"损伤容限")。但是,波音的这位经理却又证实,这两种评估都没有做,因为他们认为梯形螺纹帽不是"疲劳关键件",这是由于其坚固的设计决定的。

NTSB 认为,波音和 FAA 在设计与审定水平安定面配平控制系统时没有考虑到整个梯形螺纹帽螺纹失效的灾难性效应。NTSB 还指出,FAA 对飞机各系统的审定要求没有考虑到如何适应整个升降螺杆组件,尤其梯形螺纹帽的螺纹。因为在飞行中,梯形螺纹帽的螺纹失效多数情况可能会导致飞机的灾难性故障,所以 NTSB 认为,梯形螺纹帽是水平安定面配平控制系统的一个关键元件,故而它本来就应该在审定理念和规章要求上与所有其他飞行控制系统是相提并论的。NTSB 还着重指出,DC-9、MD-80/90,以及 B717 系统飞机的水平安定面升降螺杆组件的设计没有考虑到梯形螺纹帽和螺纹丢失是一种灾难性的单点损伤模式。NTSB 还进一步强调,由于缺少阻止整个梯形螺纹帽因螺纹失效造成灾难性效应的破损安全机构,从而导致阿拉斯加航空公司 261 号班机的失事。

4. 维修差错分析

经过上述对事故的全面调查与分析,阿拉斯加航空公司 261 号航班失事的原因似乎已经真相大白,一言以蔽之曰,这是一起由于维修不当造成的事故,这话不无道理。但是根据全面分析,实事求是地说,这话也未免有失公平。从上面分析看出,除了飞行员的错误决策促成了事故发生外,监管当局的监督检查以及设计与审定方面的缺失也不能不说是造成维修不当的直接或间接原因。这样说的理由很简单,第一,监管当局监督检查上的漏洞,造成对阿拉斯加航空公司普遍存在的维修方面的重大缺陷不能及时发现并纠正,客观上对事故发生有间接的关系;第二,波音和 FAA 错误的设计与审定理念,必然会影响、甚至直接导致阿拉斯加航空公司在水平安定面升降螺杆组件的维修、检查及监控方面产生差错。波音和 FAA 没有把水平安定面配平控制系统看作与其他飞行控制系统同样重要的一套飞行控制系统,所以他们认为它不属于"单点损伤模式",而属于"多点损伤模式"。出于这种设计理念,必然会导致维修大纲、检查程序,以及监控力度方面一系列错误,例如错误地延长润滑周期、轴向间隙检查周期等。这样,阿拉斯加航空公司的重大维修差错似乎也是不可避免的。

当然,这并不是给阿拉斯加航空公司解脱,而只是不得不从源头上找出问题。客观上讲,阿拉斯加航空公司自身在维修方面确实存在着很多重大缺陷,以至于造成了重大维修差错。

事故调查分析表明,与 261 号航班失事有直接关系的维修差错主要有两方面的问题。第一,对水平安定面升降螺杆组件润滑不充分;第二,对升降螺杆组件梯形螺纹帽的螺纹磨损监控失误。下面就这两方面的问题进行简要分析。

第一,升降螺杆组件的润滑问题。

(1)水平安定面升降螺杆组件的润滑周期以及用 Aeroshell 33 号航空润滑脂代替 Mobil 28 号润滑脂。虽然实验室试验分析表明,对失事飞机的升降螺杆组件的润滑,在 1997 年 12 月由 Mobil 28 改成了 Aeroshell 33,不是引起水平安定面配平控制系统的梯形螺纹帽螺纹过量磨损的一个因素,但是,阿拉斯加航空公司维修部门于 1996 年 4 月大大延长了水平安定面升降螺杆组件的润滑周期,由原来的 1600 飞行小时增加到日历时间 8 个月(未具体规定飞行小时数,按估算相当于 2250 飞行小时)。这里出现两个方面的问题:①阿拉斯加航空公司延长润滑周期是基于先前使用 Mobil 28 的经验,但先前并没有使用 Aeroshell 33 的经验,也没有相应资料支持,所以这种替换是缺乏依据的;②润滑周期从 1600 飞行小时增加到 8 个月(相当于 2250 飞行小时),周期一下子就增加了 59%。这样,周期越长,越容易漏掉需润滑的组件,或者不充分润滑的部位磨损就越严重,这是显而易见的事实。

(2)润滑程序。水平安定面润滑程序规定,在检查门打开以后,润滑剂在压力的作用下加到梯形螺纹帽的润滑油嘴上。程序还进一步规定,要用刷子在梯形螺纹杆的螺纹上刷涂上薄薄一层润滑脂,并操作配平系统转满全行程,以便将润滑脂均匀地涂在梯形螺纹杆的全部长度上。按照波音的规定,完成全部润滑过程大约需要 4h。

但是,NTSB 的调查人员亲自观察阿拉斯加航空公司维修人员对升降螺杆组件进行润滑的过程,并与之进行讨论发现,他们在完成某些润滑操作步骤时所用方法有许多与程序规定的不同。NTSB 调查人员通过观察和听取汇报获知,他们用的几个方法没有能够将润滑脂刷涂在梯形螺纹杆的全部长度的螺纹上,也没有转动几下配平系统,以使刷涂的润滑脂能够均匀地分布在整个梯形螺纹杆的螺纹上。

如前面提到过的,NTSB 调查人员访问过旧金山维修基地一个曾负责该失事飞机升降螺杆组件润滑的机务人员,问他完成全过程润滑用了多长时间,他说 1 个小时,而波音要求 4 个小时。由此可见,阿拉斯加航空公司维修人员对水平安定面配平系统的润滑是多么的马虎!

据 NTSB 调查人员的调查了解，波音已在修订润滑程序，要求在每次润滑前，应先去掉先前残留的润滑剂。调查人员在失事飞机的升降螺杆组件上发现，在梯形螺纹杆和螺纹帽上有磨损残余物，里面有 Mobil 28 残留物，还有一些外来的碎屑。这些残留物在润滑前若不去除，则必然会降低润滑的效果，也必然加剧被润滑组件之间的磨损。

另外，NTSB 还从深层意义上揭示出阿拉斯加航空公司对升降螺杆组件的润滑不重视，润滑程序实施不得力，润滑不充分的原因所在，这个原因就是在润滑程序上没有规定水平安定面升降螺杆组件是必检项目（RII），这当然与制造厂的设计与审定理念有关。NTSB 指出，如果升降螺杆组件润滑程序是一个必检项目，需要一个检验人员在润滑程序完成后进行验收签字，那么就会减少未进行润滑或不正确润滑的潜在的可能性。

第二，对梯形螺纹帽的螺纹磨损程度的监督。

在前面曾讨论过，对于投入使用的梯形螺纹帽上的螺纹的磨损程度，必须在规定的间隔周期通过在机翼上进行的轴向间隙检查程序来监控。在使用这个程序测量升降螺杆的轴向间隙时，测量间隙越大，说明梯形螺纹帽的螺纹磨损越严重。在螺纹磨损监控方面，阿拉斯加航空公司也存在着一些重大问题。

（1）阿拉斯加航空公司在飞机失事前不断延长轴向间隙检查周期。阿拉斯加航空公司一贯要求轴向间隙检查周期为每隔一次 C 检进行一次轴向间隙检查。但是，阿拉斯加航空公司的 C 检周期随着时间推移不断改变，实际上是不断延长，所以其轴向间隙检查周期也在不断延长。到事故前，也就是 1996 年，阿拉斯加航空公司的 C 检周期延长到 15 个月，因此也要求轴向间隙检查每 30 个月进行一次（相当于 9550 飞行小时），这比先前的 26 个月（相当于 6400 飞行小时），如果按飞行小时计，增长了 55%。

NTSB 调查分析认为，阿拉斯加航空公司轴向间隙检查周期延长本来应当有充分的技术资料支持，以便证明这种延长不会有潜在的危险。但是，实际上阿拉斯加航空公司没有这样的技术资料，这说明延长周期是没有依据或证据不足的。261 号航班失事就是对这种错误最好的说明。周期延长以后，失事飞机最后一次轴向间隙检查是在 1997 年 9 月，到下一次检查应该是 2000 年 3 月。但是 261 号航班飞行了 28 个月，确切地说，到 2000 年 1 月 31 日飞机失事，飞行了将近 9000 个小时，就在这期间，梯形螺纹帽的螺纹磨损逐渐加深，最终导致水平安定面失效。这难道不证明阿拉斯加航空公司的这种周期延长是错误的吗？也证明该航空公司的维修人员所做的轴向间隙检查根本就没有起到监控梯形螺纹帽螺纹磨损的作用。

（2）轴向间隙检查程序。事故发生后，NTSB 调查人员观察阿拉斯加航空公司维修人员实施轴向间隙检查的操作过程，发现诸多测量不准确的潜在因素。按照其轴向间隙检查数据分析报告，有些测量误差竟然高达 0.030 英寸。这说明阿拉斯加航空公司的轴向间隙检查程序存在缺陷，机务人员操作也有失误。

（3）由于阿拉斯加航空公司维修人员错误地使用自制的固定夹具而导致测量误差。NTSB 调查人员发现，阿拉斯加航空公司维修人员进行轴向间隙检查所使用的固定夹具不是按照波音的设计规范制造的。NTSB 的试验结果表明，用阿拉斯加航空公司制造的固定夹具测量轴向间隙，测量结果要比波音制造的夹具测量出的结果小。因此，失事飞机在1997年9月期间的最后一次轴向间隙检查结果0.040英寸和0.033英寸有可能小于实际的轴向间隙。事实上，失事飞机的升降螺杆组件的轴向间隙在1997年的检查时就已经超过了0.040英寸的轴向间隙测量极限。当然，对于最后一次轴向间隙检查如此大的测量误差，NTSB认为还不能简单地归咎于固定夹具。诸如检查程序、检查技术及机务人员的技能等，均需FAA、波音和阿拉斯加航空公司共同努力使其改进提高。

5. 安全建议

在新的16项安全建议提出之前，NTSB于2001年10月1日提出了8项安全建议，并于2002年6月14日开会检查这8项建议的落实情况。新的16项建议就是在此基础上，根据阿拉斯加航空公司261号航班失事事故调查结果，向FAA提出来的。以下列出的是这16项建议，其中有8项是针对机务维修的。

(1) 安全建议A-02-36。应当颁发一个飞行标准信息通告，通知各航空承运人，在飞机飞行控制系统有故障或失灵的情况下，要求飞行员做到：在飞机还可以控制时，应当只能按有关检查单程序完成操作检查；若按检查单程序操作还不行，则千万不可采取任何纠正措施，尤其是在水平安定面配平控制系统发生故障或失效时。在按照有关检查单把最后该做的都做了之后，当发现主配平和备用配平控制系统都有故障时，不要接通自动驾驶仪，也不要用其他配平控制开关或手柄强行驱动主配平和备用配平控制系统。如果按照检查单操作也无效果，则应当要求飞行员选择就近机场着陆。

(2) 安全建议A-02-37。应当指示FAA所有的审定办公室，要求其监察员对航空公司签派和维修控制人员进行监督检查，并加强对他们的专业知识和业务技能培训。这样，当飞行员在飞行中遭遇因故障带来的飞行安全压力时，签派和维修控制人员能够凭借其专业知识给飞行员提供专业上的支持和帮助，并教导他们消除为了完成飞行计划而忽视飞行安全的观点，就像本事故中签派和维修控制人员面对飞行员的困惑时手足无措，甚至出于完成飞行计划的考虑，还企图影响飞行机组不要改航，继续飞往原目的地旧金山。

(3) 安全建议A-02-38。要求DC-9、MD-80/90及B717系列飞机的各运营人，在对水平安定面升降螺杆组件实施润滑时，一定要在润滑前去除先前润滑的残留物或退化的油脂，并将螺纹表面打磨光滑。

(4) 安全建议A-02-39。要求DC-9、MD-80/90及B717系列飞机的各运营人，应当与波音制造厂协调，以加大用于完成升降螺杆组件润滑程序的检查盖板的尺寸。

(5) 安全建议A-02-40。应当按照必检项目的要求来制定升降螺杆组件的润滑程序。该程序要求，在机务人员完成润滑任务后，必须由指定的技术人员验收签字。

(6) 安全建议A-02-41。对于影响飞机关键部件的维修项目，应当审查所有现行的维修周期，看是否都有充分的工程资料支持，即看是否有充分的技术数据与分析证明其周期延长不会有潜在的风险。要求维修周期更改时必须确保：①考虑到最初设计人员的各种假设；②有充分的技术数据和分析来支持；③包含有合适的安全裕度，即要考虑到维修项目被漏掉或完成不当的可能性。对从早期机型衍生出来的新机型，FAA在进行审查时，还应当考虑到所推荐的或原来制定的周期。如果该飞机部件和该维修任务在本质上相同，而且对新型号推荐的周期要比早期型号推荐的周期要长，那么对该衍生型号的这种原始周期则应视为延长的周期。

（7）安全建议 A-02-42。对于航空公司按制造厂推荐制定并修正维修任务周期的过程及更改过程，应当在系统工业范围内进行评估并报告，以便对于每一项维修任务，将来确保：①考虑到原始设计人员的各种假设；②有充分的技术数据和分析来支持；③应含有适当的安全裕度，即考虑到维修项目被遗漏或完成不当的可能性。

（8）安全建议 A-02-43。要求运营人对于可能会影响关键飞机部件的任何维修任务周期更改在实施之前，应当向 FAA 提供每一项任务的技术数据和分析，以证明建议的任何更改都不存在任何潜在危险，并且应得到主任监察员对建议更改的书面批准和有关 FAA 审定办公室的书面同意。

（9）安全建议 A-02-44。在设计 DC-9、MD-80/90 及 B717 系列飞机的水平安定面升降螺杆组件时，关于加进一套破损安全寿命机构，应按照安全建议 A-02-49 的推荐意见，规定一个轴向间隙检查的周期。该周期应当确保：①考虑到高于预计磨损速率的可能性，以及估计梯形螺纹帽螺纹磨损的测量误差；②潜在的灾难性磨损状态成为可能之前，应起码有两次检测过量磨损的机会。

（10）安全建议 A-02-45。要求运营人做到：①按照飞机登记号和升降螺杆组件的系列号永久跟踪轴向间隙测量；②鉴于轴向间隙测量和飞行次数，对于每一架飞机，永久地计算并记录平均磨损速率；③制定并执行一个分析这些数据的大纲，以便识别并确定引起过量或预期之外的磨损速率的原因、发展趋势或各种异常现象。FAA 还应当要求各运营人向 FAA 书面报告这些情况，以便用于确定和评估有关的轴向间隙检查周期。

（11）安全建议 A-02-46。要求负责维修升降螺杆组件的各维修单位，应当记录并向用户通告升降螺杆组件轴向间隙的测量结果。

（12）安全建议 A-02-47。要求各运营人每当更换升降螺杆组件时，应当在机翼上测量轴向间隙并记录测量结果。

（13）安全建议 A-02-48。要求负责大修 DC-9、MD-80/90 及 B717 系列飞机的升降螺杆组件的各维修单位，应当在获得具体授权后才能进行这类维修。这种授权依据维修单位的各种证明，证明他们具有必要的能力、支持文件，以及完成任务的设备，并且还要证明他们已制定了各项程序，确保：①遵照各项程序正确地完成轴向间隙检查和升降螺杆组件的润滑，包括符合规范的专用工具和润滑脂类型；②在执行各有关操作步骤时都有文件支持，以证明梯形螺纹帽螺纹表面均已正确润滑；③对所有经过大修后返回使用的升降螺杆组件，遵照正确的包装程序进行包装，不管该组件是被储存保管还是发运，都要予以正确包装。

（14）安全建议 A-02-49。①对于 DC-9、MD-80/90 及 B717 系列飞机，应当进行系统的工程审查，即设计审查，以便找到有效的手段，消除水平安定面升降螺杆组件中整个梯形螺纹帽的螺纹破损引起的灾难性效应，并且要求，如果可行的话，将破损安全机构加入到上述飞机的设计中；②对所有其他运输类飞机的水平安定面配平系统统一进行评估，以便确认是否具有灾难性单点破损模式的设计，并且对于任何这种系统都要这样做；③找出有效手段，消除单点破损模式的灾难性效应，并且如果可能的话，将破损安全机构加进配备有这种水平安定面配平系统的所有现存的和未来的飞机设计中。

（15）安全建议 A-02-50。应更改审定条例、政策和程序,以便保证新的水平安定面配平控制系统的设计,如果具有单点灾难性破损模式,则不予审定通过,不管该系统的任何元件是否被认为是结构件而不是系统,还是被认为对于各系统的审定标准可以获得豁免。

（16）安全建议 A-02-51。FAA 应审查并更改适用于运输类飞机的审定条例和有关的指导方针,以保证充分考虑到并涉及到与磨损有关的各种破损,从而尽可能最大程度地防止这类破损发展成为灾难性结果。

越洋航空公司 TSC236 航班事故

2001年8月24日,越洋航空公司(Air Transat)一架航班号为TSC236的空客A330飞机执行定期航班,从加拿大多伦多的皮尔逊(Pearson)机场飞往葡萄牙里斯本机场,机上有13名机组成员和293名乘客。飞机因燃油渗漏而改航,但最终在失去全部发动机动力的情况下机长采取滑翔飞行技术成功着陆,避免了事故的灾难性后果,拯救了乘客和机组人员的生命。

1. 事故叙述

2001年8月24日,越洋航空公司执管的一架空客A330-243飞机,执行TSC236定期航班,从加拿大多伦多的皮尔逊机场飞往葡萄牙里斯本机场,机上有13名机组成员和293名乘客,机长在这个航班中担任把杆飞行员。TSC236航班计划于世界协调时零点10分从皮尔逊机场离港,机上载有47.9t燃油,比按照规定计算的应载燃油量多出5.5t。实际起飞时间为零点52分,起飞时报告的机载燃油量为46.9t。航班起初一切正常,直到5点03分飞越西经30°时,机组发现2号(右侧)发动机(Rolls-Royce公司Trent772B型发动机)的滑油指示异常。于是,机组手工选定了该发动机的飞机电子中央监控(ECAM)页面(ENGINE ECAM)查看,并通过高频无线电将滑油指示告知了公司在加拿大魁北克米拉贝尔(Mirabel)维修控制中心(MCC)的签派员。

5点33分,发动机/警告显示器(EW/D)上出现了一条咨询信息(ADV)。机组注意到了这条ADV,于是取消原来选定的ENGINE ECAM页面。此时,ECAM上显示出了燃油页面,机组注意到左、右大翼内侧油箱之间的燃油不配平,便警觉了起来。为了纠正不配平状况,机组选择将交输活门放在"打开(OPEN)"位并把右大翼燃油泵放在"关闭(OFF)"位,其目的是从左大翼油箱向右发供油。

5点45分,机上燃油量下降到低于飞往里斯本所需的机上最低燃油量,机组不得已起始了转场到亚速尔群岛(Azores)特塞拉(Terceira)岛的拉日什(Lajes)机场的飞行。5点48分,机组告知负责该区域交通管制的圣玛丽亚海洋(SANTA MARIA OCEANIC)空管,由于燃油不足,航班正在转航,机上燃油量已经降到7.0t。为了解决突发的且无法解释的燃油量读数下降问题,机组要求客舱机组目视查看大翼和发动机是否存在燃油渗漏,但是没有发现任何燃油渗漏迹象。

5点54分,为了应对机上燃油量读数持续大幅度异常下降的情况,机组选择把右大翼燃油泵放在"开(ON)"位,把左大翼燃油泵放在"关闭(OFF)"位。这样的选择使得右大翼油箱的燃油交输供给两台发动机。按照机组的说法,之所以使用右油箱交输供油,是因为他们怀疑右大翼油箱渗漏,想先把右大翼油箱的燃油耗尽。

机组使用高频联络了MCC,并告知签派员令人费解的低燃油量读数情况。当时,机上燃油量为4.8t,或者说比计划的燃油量少了12t。机组报告说,他们不能确定问题出在哪里,而燃油量指示还在持续下降,右大翼内油箱明显漏油。5点59分,在和MCC通话过程中机组报告,右油箱燃油量进一步下降到1.0t,左油箱燃油量下降到3.2t。MCC建议查看燃油渗漏是否来自左侧发动机,为此,机组立刻改为从左油箱交输供油。当剩余燃油为1.1t时,机组称,所有燃油泵都选择在了"ON"位。

6点13分,当飞机在飞行高度层390、距离拉日什机场150英里时,右发熄火。机组通知了空管关于发动机熄火的情况,飞机当时正在下降。6点15分,机组向空管报告,机上燃油量现已降到600kg。6点23分,副驾驶向圣玛丽亚海洋空管宣布"遇险(MAYDAY)"。6点26分,当飞机距离拉日什机场65海里并且高度在大约FL345的时候,左发熄火。机组执行了所有发动机熄火程序,并沿发动机熄火后下降航路朝着拉日什机场下降。

6点31分,飞机由拉日什近进管制接管。在雷达引导和闪烁跑道灯的帮助下,飞机到达距33号跑道近进末端8英里的地方,高度大约13000英尺,航迹角为270°。机长通知拉日什管制,为了下降高度,他正在左360°转弯。在转弯过程中,飞机的构型为前缘缝翼放出且起落架放下的着陆构型。为了进一步下降高度,飞机还实施了五边S转弯。

6点45分,飞机以200kn的速度飞越了33号跑道头,在跑道1030英尺的地方重着陆并又弹跳了起来。第二次接地在距离跑道近进末端2800英尺的地方,施用了最大刹车,飞机在全长10000英尺跑道的7600英尺处停下。飞机停稳后,左主起落架机轮区域出现了小火苗,但是被已在着陆位置待命的事故救援反应车立刻扑灭。机长命令实施应急撤离。在应急撤离过程中,14名乘客和2名客舱机组受轻伤,还有两名乘客受重伤。飞机机身和主起落架的结构受损。

2. 事故调查

葡萄牙航空事故预防和调查局(GPIAA)负责此次事故调查工作。

1)飞行机组信息

(1)机长信息。机长持有加拿大航线运输驾驶员飞机执照(执照编号AA112310),签注了单发和多发陆地和水上飞机,具有B73A、B73B、CS12、CV58、DC3、DC4、DC6、E120、EA33、FA27、HS25、HS74和L1011飞机的型别等级。他的驾驶执照签注的是1类仪表飞行等级资格,有效期到2001年11月1日。

该机长于1996年3月11日开始为公司服役,担任L1011机型的副驾驶,于1997年12月15日升级为L1011机型的机长,开始改装到A330机型。2000年3月23日到4月7日,他在越洋航空公司教员的监督下,在加拿大魁北克米拉贝尔完成了视频和计算机辅助仪表课程和A330机型部分3D教员课程。2000年4月12日到5月8日,他在法国图卢兹的空客培训中心由空客公司的教员授课,完成了A330初始培训当中的飞行模拟机训练。所有培训都是按照空客A330的训练大纲完成的。

该机长于2000年5月11日通过了A330机长的初始驾驶员熟练检查,他的最终航路检查于2000年6月22日完成。公司的培训记录显示,他已经成功完成了所有要求的复训,没有表现不佳的记录。该机长于2001年4月29日成功完成了最近一次检查飞行。

(2)副驾驶信息。副驾驶持有加拿大航线运输驾驶员飞机执照(执照编号AA731791),签注了单发和多发陆地和水上飞机,具有BA31、EA33、L101和LR35飞机的型别等级。他的驾驶执照签注的是1类仪表飞行等级资格,有效期到2003年1月1日。

该副驾驶于1998年11月11日开始为公司服役,担任L1011机型的副驾驶,他的

A330机型的初始训练是在美国福罗里达州迈阿密的空客培训中心、依据空客A330机型训练大纲、在越洋航空公司教员的监督下完成的。他于2000年11月完成了A330的所有训练。

该副驾驶于2000年11月22日通过了A330副驾驶的初始驾驶员熟练检查,他的最终航路检查于2000年12月23日完成。公司的培训记录显示,他已经成功完成了所有要求的训练,没有表现不佳的记录。该副驾驶于2001年5月15日成功完成了最近一次检查飞行。

2)测试和检测调查

初步检查发现,右侧发动机的燃油进油管(件号FK30383)壁上有一个长3.0英寸、宽1/8英寸的"L"形裂纹。裂纹处的管壁与后液压泵的外流管紧靠在一起。很明显,裂纹是管路间相互接触、摩擦造成的。调查发现,燃油管是改装后的型号,液压管是改装前的型号(LJ51006),安装型号不匹配。

(1)检测报告。为了支持调查,相关各方实施了多项测试和检测,相关报告其中包括:

① ROLLS-ROYCE公司文件号MFR41281,报告编号DNS81874,《越洋航空公司(TSC)TRENT772,发动机编号41055,低压燃油管失效调查》,颁发日期为2001年10月4日。

② 发动机后液压泵外流管失效调查。ROLLS-ROYCE公司文件号DHP117761,报告编号MFR41283,《越洋航空公司(TSC)TRENT772,发动机编号41055,后液压泵外流管失效调查》,颁发日期为2001年10月23日。

③ ROLLS-ROYCE公司文件号DHP117772,报告编号MFR41281,《越洋航空公司(TSC)TRENT772,发动机编号41055,后液压泵外流管失效调查》,颁发日期为2002年7月5日。

④ ROLLS-ROYCE公司文件号DNS85146,报告编号FSG44035,《RB2211 TRENT700-发动机滑油系统参数中低压燃油渗漏的有效评估》,颁发日期为2002年5月30日。

⑤ 空客公司2002年5月27日《燃油系统分析》,文件编号为LP011/01。

(2)液压管安装测试。调查组使用改装后的新型燃油管和改装前的液压管路,对在翼右发实施了安装测试。液压管路可以轻而易举地用手对正并拧到液压泵安装座上。然而,随着"B"螺母进一步拧紧,液压管就逐渐与燃油管接触上了。为此,需要一边用手弯曲液压软管将其与燃油管分开,一边拧紧螺母。安装完毕后液压管和燃油管之间的间隙就剩下0.025英寸。

英国航空调查局参与了Rolls-Royce公司实施的类似测试,当时也遇到了液压管路连接的困难。他们还注意到,在液压管路拧紧后,只要轻轻一推,液压管就能接触到燃油管。

大家都知道,软管的特点是会快速膨胀,长度会缩短,充压后会变直。假设液压系统的工作压力为3000psi,且液压泵工作时会有震动,那么一旦增压,飞机上的各类安装件之间的实际间隙就会轻易地失去。

3)维修调查

调查发现,Rolls-Royce公司曾发布服务通告SB RB.211-29-C664:改装液压泵,还发布过 SB RB. 211-29-C625：管路调整（因为新泵体积大，要预留出空间）。而且 SB RB. 211-29-C664 中明确说，要先完成 SB RB. 211-29-C625。但是越洋航空公司所有 A330 飞机都是在这两个服务通告发布之后接收的，因此不存在改装问题，这也意味着公司没有接触过改装前的飞机，也不了解这两个服务通告。

事故发生前，由于该事故飞机原先的右发滑油系统中发现了金属颗粒，公司决定更换发动机，换上的正是这台事故发动机。而这台早前接收到的发动机却属于服务通告执行前的构型，但是公司根本不知道这个情况。发动机接收计划和更换计划程序也没有反映出发动机存在构型差异。

发动机更换工作于 2001 年 8 月 17 日周五午夜开始，计划周日中午完成，以便不耽误执行航班任务。但是到了周日早晨，维修人员向工程技术经理反映，因为高压燃油泵进油管的位置干扰，液压泵装不上。他们查阅图解零件目录（IPC），发现 Trent 772B 发动机曾发布过两个服务通告，这才知道该事故发动机是改装前的构型。工程技术经理想查看服务通告的内容，但是由于网络问题，他无法访问 Rolls-Royce 公司《发动机图解零件目录（EIPC）》光盘上的服务通告。于是该工程技术经理联系了 MCC，想得到工程上的帮助，MCC 帮他找来了发动机控制员进行咨询。但实际上，MCC 有《发动机图解零件目录》光盘，里面有这些服务通告，可工程技术经理不知道，而 MCC 的值班员也没有想起来。

发动机控制员比较了解服务通告的情况，建议在安装时部件之间一定要留出足够空隙。因为发动机是改装前的构型，因此工程技术经理想使用改装前的液压泵，因为它的体积小。但是由于越洋航空公司的 A330 发动机都是改装后的构型，加拿大境内其他公司也如此，因此发动机控制员告诉工程技术经理，想马上得到该型号的液压泵不可能。为了不影响执行航班任务，按时完成发动机更换工作，于是两人决定只能更换燃油管。他们从换下的旧发动机上拆下燃油管组件，装到了新换上的发动机上。新换上的管路形状和走向与液压泵相适合，从而解决了液压泵安装中的位置干扰问题。但是在液压管没有换，还使用该发动机原装的（即改装前的）液压管。但是在安装中技术人员发现，虽然想尽量保持燃油管和液压管之间的空隙，但液压管总是慢慢地往其自然位置移动，靠向燃油管。Rolls-Royce 公司代表了解到这些情况后，并没有认为有什么问题。安装结束后，工程技术经理安排人员进行了独立检查。

3. 事故分析

调查人员在事故分析时主要针对以下两个问题。

（1）为何维修机构在进行发动机更换前未发现构型不匹配问题，为何更换过程中发现构型差异后，未按制造厂规范完成液压泵、液压管和燃油管的安装。（见维修差错分析）

（2）为何有资质的飞行机组依照批准的训练大纲参加了训练，却在进行情况分析并针对具体情况采取应对措施的时候，没有按照制造厂家规定的措施来缓解燃油渗漏的情况，而采取了让情况更加恶化的措施。

1) 发动机滑油参数不确定性

事故发生后的技术性调查分析断定，滑油参数异常是由于通过燃油/滑油热交换器的高燃油流量造成的。

由于突然发生的变化以及没有针对高滑油压力、低滑油量和低滑油温度等情况的不正常程序或者信息,给飞行机组带来了相当大的不确定性。由于不存在其他不正常的发动机读数,不存在其他系统的异常情况,而且MCC也无法对异常读数做出解释或者提供建议,这些更加重了不确定性。

2) 燃油损失的最初发现(4点38分~5点33分)

燃油于4点38分开始渗漏,但是,机组直到5点33分才发现燃油问题,随即燃油ADV出现了。在这期间,驾驶舱指示器上出现过以下关于燃油损失问题的指示。

(1) 机上燃油量以异常速率下降;该信息应当在发动机警告显示(E/WD)页面的机上燃油(FOB)指数位置有显示。

(2) 预计的抵达目的地所需的机上燃油量正在下降;该信息应当会显示在多功能控制显示组件(MCDU)上。

(3) 将燃油全部交输到配平油箱为时过早,因为从多伦多离港的燃油载重有46900kg。从5点11分到5点30分出现的一个为时长达19min的"TRIM TANK XFR(配平油箱交输)"代码,以及之后5点30分到5点33分出现的"TRIM TANK XFRD(配平油箱交输完成)"代码显示均会表明这个信息。

调查人员认为,以下因素可能导致了延迟发现低燃油量问题。

(1) 在该时段内,标准操作程序唯一要求的燃油检查已于4点58分完成,当时飞机飞越西经30°。此时,燃油量没有引起注意,因为燃油量比计划燃油量仅少0.2t或者1%。

(2) 机组之后忙于位置报告、在《飞行记录本》上做记录,以及检查仪表的指示。

(3) 异常滑油读数增加了机组的不确定性。

(4) 不确定性导致机组花费精力来解决这个模糊不清的问题,诸如查阅手册和联络MCC。

(5) 从配平油箱中将最后3.2t燃油交输给右大翼油箱的做法导致燃油ADV信息的产生延迟了大约15min。

尽管"TRIM TANK XFR"代码在飞行阶段很早就已给出,但是,代码在初期出现不会引人注意,因为该代码在飞行阶段通常会出现。另外,机组采取措施解决异常滑油读数问题是可以理解的,因为在这个时间段,机组没有意识到"TRIM TANK XFR"代码的长时间显示、"TRIM TANK XFRD"代码的出现,以及FOB和EFOB(预计达到目的地所需机上燃油量)指数的微妙变化。

从4点38分燃油开始渗漏,到5点04分机组注意到异常滑油指示,这期间机组的工作量都属正常。然而,解决滑油指示问题的任务让工作量增加,并将机组的注意力从日常监控其他显示器上转移开来。

所有和燃油有关的信息都是以文字形式或是在数字式计数器上显示的,这些显示都没有传递出一种紧迫感,以便让机组放弃解决滑油读数异常的问题,而且这些显示也没有传递出燃油渗漏这个至关重要的特征。

在此期间,重要的一点是,燃油交输造成配平油箱中的燃油转移到右大翼,延迟了燃油ADV信息的产生,掩盖了燃油渗漏问题。当5点30分燃油不配平咨询信息产生的时候,机上燃油量减少到12.2t,6.65t燃油被损失掉了。

总之,由于出现的各种指示没有传递出明确的信息,因此让机组在此期间意识到燃油异常情况是不可能的,这个事实突出了类似情况中警告系统存在的局限性。

3) 燃油不配平咨询信息的反应(5点33分~5点45分)

5点33分,意识到燃油问题后,机组采取的一项措施就是删除发动机页面的显示以便查看燃油页面。由于ADV的特性,ECAM没有显示检查单的程序,而是要求机组查看燃油页面的指示来判断问题。

看到有关右大翼油箱的闪烁显示,机组估计到出现了燃油不配平状况。5点36分,单凭记忆而没有查看《快速检查单(QRH)》,机组通过打开交输活门并关闭右大翼油箱泵启动了配平程序。此时,机上燃油量降低到11t,已经消耗了7.3t燃油。

交输活门打开后,造成燃油从左大翼油箱向渗漏的右发供油。因为凭借记忆执行燃油不配平程序,所以机组忽略了"燃油不配平"警告:当怀疑有燃油渗漏时,应当执行燃油渗漏程序。

就在采取建立交输的起始措施的时候,机组意识到以下指示反映出燃油损失问题:

(1) 机上燃油量为7t,低于此飞行阶段预计的燃油量;

(2) 预计的抵达目的地之前的机上燃油量明显低于计划油量。

由于突然发现了无法解释的、低于预期的燃油量情况,之前没有出现指示飞机存在结构或者燃油问题的声响或者其他感知到的飞机征兆,造成了机组采取以下措施,试图解决问题:

(1) 查看燃油载重、飞行计划文件和飞行记录,但都没有发现差错;

(2) 查看了发动机和燃油系统的指示和显示,看是否还有与发动机、燃油流量或者燃油系统有关问题的其他指示,但没有发现。

当ECAM ADV警告机组燃油不配平时,实际燃油系统状态和机组对该系统的理解之间存在着很大的差距。尽管还有其他指示显示出现状远比燃油不配平更为严峻,但是,机组只通过执行燃油不配平程序采取了应对措施,因为这是ECAM系统显示的唯一异常现象。机组之所以仅凭记忆来执行程序,是因为机组非常熟悉这个程序,模拟机训练中经常要求机组监控燃油配平情况。

在这12min之内,驾驶舱的工作量相当大,机组的注意力肯定都集中在感觉到的模糊不清的燃油状况以及转场到拉日什机场的工作上了。

随后,机组没有留出时间和精力去重新审视其对该情况的思维定势并质疑已经采取的应对燃油ADV的措施。机组成员在飞行生涯中都没有经历过任何燃油不配平情况,训练或者运行中也没有涉及到或遇到燃油渗漏情况。1997年8月24日,法国航空公司的一架A320飞机遭遇了燃油渗漏,事发机组采取的也是类似的燃油配平措施。

当预计的抵达目的地之前的机上燃油量降低到低于最低标准时,机长做出了合适的决断,转场到双发延程运行(ETOPS)的备用拉日什机场。

总之,ADV信息不要求机组采取立即的措施。飞行机组操作手册(FCOM)要求机组在采取措施之前参考快速检查单,机组资源管理理念建议在对燃油ADV信息采取应对措施之前,机组应当参考所有关于燃油系统的可用信息。

如果机组查看了燃油系统的可用信息,就会发现已经有6t油损失了。看到燃油损失指示后,如果机组查看了快速检查单中燃油不配平程序的注意事项,就会执行燃油渗漏程序。燃油渗漏程序和发动机渗漏程序都要求关闭渗漏的发动机;非发动机渗漏或者无法定位燃油渗漏程序要求交输活门必须保持关闭。两项措施都会保存左大翼油箱的燃油，并足以使用到在拉日什机场以左发工作的状态单发着陆。

然而，打开交输活门却让左油箱的燃油有渗漏风险，并让已经存在的很糟糕的燃油渗漏状况更加严重。

4. 维修差错分析

1）发动机接收

当备发于2001年8月1日抵达公司基地的时候，越洋航空公司按照公司的维修控制手册程序实施了处理。该程序仅包含库存检查和附件项目清单上的可用部件合格性验证。当初这台事故发动机放在米拉贝尔，由于是仅有的一台作为应急措施储备的发动机，因此没有即刻安装的计划，制造厂家的代表负责对发动机进行监管。维修控制手册程序或者加拿大航空条例都没有要求把对服务通告的复核作为库存检查工作的一部分。

该检查工作基于将备发与改装总体情况表单以及公司提供的附件项目清单上已经完成的最近一次厂家大修的发动机进行比较。基于现有的信息和对发动机状况的目视检查，公司得出这样的结论：如果公司的A330飞机需要更换发动机，这台发动机所需部件是可用的。但是，这里有一个重要的情况，就是执行发动机接收程序时，没有发现备发的构型和公司执管的其他A330飞机发动机的构型不相匹配。

以下因素可能影响了不正确的评估。

（1）公司执管的所有A330飞机发动机都是服务通告执行之后的构型，而且公司相关人员从未接触过服务通告执行之前的发动机构型，另外也没有针对备发构型的、能引起人们高度重视的信息。

（2）服务通告执行之前和之后的构型之间从表面上看极为相似，难以通过粗略检查，诸如在发动机接收过程中实施的检查发现其差别。

（3）附件项目清单上液压泵的件号被错误地标识为服务通告执行之后的液压泵件号974976，本应标识为服务通告执行前的件号。

（4）件号为974976的液压泵实际安装在公司执管的其他A330飞机上。

2）服务通告的作用

在制定发动机更换计划过程中，对适用于发动机的服务通告进行综合性比较，对于确认发动机的不一致性最具保障性，但是这样的比较检查需要确切知道要更换哪台发动机才行。但是，由于服务通告的非强制性，型号合格证批准的维修控制手册没有要求在制定发动机更换计划的时候需要检查服务通告，因此，公司在接收发动机和制定发动机更换计划的时候也没有进行服务通告的比较。

3）发动机更换计划

调查发现，发动机接收后，更换计划没有立刻着手制定，而是直到在事发飞机的发动机滑油系统中发现了金属颗粒，这才决定更换发动机。

由于公司维修计划员不知道两台发动机之间的构型差异，只制定了一份工卡，工作项目仅涉及正常发动机更换项目。安装附件项目的工作单卡在发动机更换过程中都完成了。

调查人员认为，在接收发动机和制定更换计划阶段都没有发现发动机构型差异的事实，造成了在发动机更换过程中，技术人员没能发现液压泵、燃油管和液压管之间的不匹配性。

4）发动机安装

（1）首次发现构型问题。在发动机更换过程中,液压泵和燃油管之间就存在干扰问题,其实这是表明在事发飞机上安装改装后的发动机液压泵有问题的首个迹象。

一旦意识到液压泵安装困难可能是因为发动机完成的服务通告不同,于是工程技术经理就想查一下服务通告的内容。

然而,由于网络问题,他在其工作岗位无法访问 Rolls–Royce 公司发动机图解零件目录光盘上的服务通告。由于不能从网络上查到服务通告,工程技术经理就通过 MCC 查看了维修控制手册中的程序,想得到工程上的帮助。然而,无论是工程技术经理还是 MCC 的值班员,都没有想到可以直接查找发动机图解零件目录光盘来查看服务通告。

当工程技术经理联系到发动机控制员时,发动机控制员对服务通告及其背景的了解让工程技术经理感觉到,这位发动机控制员对于存在的问题胸有成竹。

发动机控制员认为需要更换燃油管的想法坚定了该工程技术经理头脑当中的想法：这是完成安装工作唯一的要求。该发动机控制员又与工程技术部门取得了沟通,而工程技术部门负责解决非计划性和非例行的维护问题,从而进一步支持了这样的确信。

在讨论完成发动机更换预计工时的过程中,发动机控制员了解到工程技术经理未能查到该服务通告。尽管两个人都深知没有服务通告是个问题,但是讨论却回到了工作完成时限的问题上,而没有进一步讨论服务通告的问题。实际上,发动机控制员和工程技术经理是在没有进一步参考服务通告的情况下做出了燃油管更换的决定的。

因为有航班任务,还要腾出机库进行其他维修,因此发动机更换还存在着时间压力。也可能由于这个压力,使工程技术经理仅依赖于直接听取来自个人的关于服务通告的信息,而没有尝试解决存在的无法查到服务通告的问题。

（2）燃油管的安装。工程技术经理认为,燃油管的替换工作和附件项目清单上其他部件的改装工作极为相似。他认为,更换了燃油管,发动机的构型就会按照改装后状态建立起来。

尽管已经发现被换下的发动机上的燃油管和要安装的发动机上的燃油管有差别,但是,图解零件目录没有这方面的内容。

在液压泵管路的安装过程中,通过用力将管路定位并在保持住管路位置的同时对"B"螺母施加力矩拧紧,燃油管和液压管之间从表面上看是保持住了足够的间隙,这个间隙随后得到了工程技术经理的验证。

尽管用这种将管路定位的方法来赢得间隙并不算不正常,但是,如果不使用卡箍,由于软管增压后存在变直的趋势,则管路就有可能相互接触上。而且事发飞机换上的这台发动机在邻近"B"螺母处有一个 90°弯曲度的管子,更容易发生接触,这个问题就变得尤其关键了。对于安装混装结构管路时需要加力固定管路位置所存在的风险,维修领域的人并不太了解,维修技术人员的培训也没有包含这项内容。

尽管在燃油管和液压管上留下的痕迹暗示着为保持管路之间的间隙安装时可能使用过某些器具,但是,技术人员否认使用了工具。调查人员无法解释这个情况。

液压管路的增压足以造成液压管向自然位置移动,从而与燃油管相互接触,导致管路相互摩擦,并造成燃油管路失效。

5）质量控制问题

（1）维护检查。发动机更换安装之后的检查由工程技术经理和另一位独立的检验员共同完成。然而,检查仅限于确保发动机控制组件连接适当且牢固,确保剩余工作也已经完成,安装都在公差容限之内且牢固。

然而,使用这样的检查方法不大可能发现部件的不匹配情况。对于该事发发动机,燃油管和液压管之间存在的不兼容性就没有被发现。

（2）质量保证文件检查。飞行记录本和发动机履历本都没有记录燃油管的更换工作,因为工程技术人员忘记了做记录。除此之外,在事发飞行之前,有关2001年8月18日完成的发动机更换任务的文件核对工作也没有完成。这样一来,质量保证失去了通过文件审查发现安装差错情况的机会。

由于核对文件完成情况的工作没做,不能发现飞行记录本和发动机履历本忘了做记录,因此在核对飞行记录本和发动机履历本时,质量保证部门也就不能发现液压泵和燃油管的安装没有遵照适用的服务通告执行这一情况。

而且,质量控制人员在发动机安装现场应当积极促成对管路干扰问题的研究和飞机放行之前服务通告的完全履行,而不是依赖于维修之后通过发动机文件审查发现问题。

6）构型控制

调查断定,由于接收到的发动机为服务通告执行之前的构型,因此这种情况对于该航空公司是意料之外的和史无前例的。另外,部件识别是通过核对件号在第一时间且作为头等大事进行的。

该发动机随附的文件中液压泵的件号使用的是服务通告执行之后的件号,这可能掩盖了发动机为服务通告执行之前构型的事实,直到发动机更换快完成的时候。通常,不同构型的部件可以通过件号前缀、后缀或者破折号之后的号码来识别,然而,这种方法对于复杂部件,诸如现代飞机上的发动机来说是不适用的。

单独一个非强制性服务通告对航空器适航性不会产生直接影响。然而,当发布了两条或更多条相互关联的非强制性服务通告且涉及相互影响的多个部件时,如果没有按顺序执行的话,就会造成潜在的适航性降低问题,此次事故就是一次见证。

在此次事故中,服务通告的执行情况是判断拆下与换上的发动机之间兼容性的唯一可行方法,但是尽管如此,对服务通告的对比并不是构型控制通用的方法。

尽管飞机构型受服务通告的影响,但是,适航方面不要求在安装部件之前查看所有非强制性服务通告,也没有便于进行服务通告一致性检查的系统。尽管加拿大运输部实施的审计中有审查服务通告执行情况的内容,但是,在服务通告管理（适用性评估、执行时间框架、具体实施和记录）方面决定权在承运人自己。

由于缺乏服务通告一致性检查要求这一环节,而且缺少简便的方法实施检查,因此就存在不匹配部件安装到飞机上,而现行的维修计划程序难以发现的风险。

综上所述,GPIAA认为此次事故的原因和诱因如下。

（1）接收到的用于更换的发动机属于服务通告执行之前的构型,这个问题是航空公司意料之外的且从未遇到过的。

（2）无论是发动机接收计划还是发动机更换计划程序,都没能发现拆下的发动机和装上的发动机构型之间存在差异,全凭技术人员在更换发动机的过程当中因遇到安装困难才发现了差异。

（3）工程技术经理在发动机更换过程中只是道听途说了一些信息，而没有仔细研究相关的服务通告，而服务通告是完成安装改装后液压泵所必需的资源。

（4）改装后的液压泵以及改装后的燃油管与未经改装的液压管组件的混装造成燃油管和液压管之间无法匹配。

（5）改装前的液压管和改装后的燃油管的混装造成管路之间相互接触，从而导致燃油管破裂和燃油渗漏，这些问题最终导致燃油耗尽。

（6）尽管在发动机更换过程中了解到 Rolls-Royce 公司颁发了服务通告，但是，在液压泵安装过程中或者安装之后都没有看到相关服务通告，由于不了解其中的详细内容，从而导致没能采取避免混装情况的安全预防措施。

（7）尽管在安装过程中通过施加一定的力矩保持住了燃油管和液压管之间的间隙，但是，液压管路的压力迫使液压管向其自然位置移动，从而不能保持足够的间隙。

（8）飞行机组没有发现存在的燃油问题，直到燃油 ADV 发出信息并且燃油未配平情况也显示在 ECAM 燃油页面上。

（9）机组在采取措施之前没能正确评估情况。

（10）飞行机组没有意识到存在的燃油渗漏情况，只是凭借记忆执行了燃油不配平程序，导致燃油从左主油箱交输到已经渗漏的右发。

（11）凭借记忆执行燃油不配平程序导致忽略了燃油不配平检查单中阐明的注意事项，从而造成机组可能没有及时考虑到执行燃油渗漏程序。

（12）尽管还有其他诸多指示信息显示了当时存在的明显燃油损失，但是，机组没能判断出当时发生的燃油渗漏情况，从而没能执行燃油渗漏程序，这一点是导致燃油耗尽的关键因素。

5. 安全建议

GPIAA 从不同方面提出了多项安全建议。

（1）安全建议编号 AA/2004，建议法国民航局：

① 要求在所有 A330 飞机上加装"FUEL FU/FOB DISCREPANCY（已耗燃油量/机上燃油量有差异）"警告提示。

② 要求其他具有相似燃油系统的空客飞机加装燃油消耗警告显示。

（2）安全建议编号 AB/2004，建议其他运输类航空器制造国（如加拿大、美国、英国）民航当局，以及欧洲航空安全局：

① 对探测燃油消耗/燃油损失差异情况的飞机指示和警告系统的适用性和程序进行审查；

② 审查这些系统对这些情况提供清晰指示的能力；

③ 审查这些系统提供与燃油损失危急程度相一致的警告的能力。

（3）安全建议编号 AC/2004，建议法国民航局、加拿大运输部、英国民航局、联合航空当局、欧洲航空安全局，以及其他国家民航当局：

① 审查飞行机组操作手册和检查单程序，确保其中包含了关于燃油渗漏情境的必要信息；

② 审查飞行机组训练大纲，确保机组做好充分准备诊断故障，并采取适当的措施，以

缓解燃油渗漏情况的后果;

③ 修订条例和标准,要求机组针对燃油渗漏情况进行训练。

(4) 安全建议编号 AD/2004,建议所有民航当局:向所有航空公司、飞机制造商和飞行机组训练机构通报这起燃油渗漏事件的情况。

(5) 安全建议编号 AE/2004,建议法国民航局在与空客协商后:审查空客飞机自动燃油交输系统,确保该系统能够探测异常燃油交输情况,有系统和程序能够抑制异常的交输情况,确保以适当等级的警告让机组知晓异常燃油交输情况。

(6) 安全建议编号 AF/2004,建议法国民航局和欧洲航空安全局:

① 审查空客飞机指示和警告系统以及非正常程序,确保燃油不配平情况严重时,飞行机组的当务之急是执行燃油渗漏程序;

② 考虑将空客公司燃油不配平检查单和燃油渗漏检查单的程序合并到一个程序当中,在合并后的程序的最前面,阐述可能判断为燃油渗漏的一些情况。

(7) 安全建议编号 AG/2004,建议其他航空器制造厂所在国(如加拿大、美国、英国)民航当局,以及欧洲航空安全局:审查燃油指示和警告系统的适用性以及与燃油不配平状况相关的程序,确保充分考虑燃油渗漏的可能性。

(8) 安全建议编号 AK/2004,建议加拿大运输部、法国民航局、英国民航局以及欧洲航空安全局和其他国家负责管理飞机和重要部件制造商的民航当局:审查适用的适航条例和标准,以及飞机维护手册、发动机维护手册和部件维护手册,确保安装之前、维修计划制定当中有足够的保护措施,以探测是否存在重要构型差异,并为负责完成工作任务的技术人员提供所需的资源支持。

(9) 安全建议编号 AL/2004,建议加拿大运输部、法国民航局、英国民航局、欧洲民航安全局、其他国家负责管理飞机和重要部件制造商的民航当局,以及飞机和重要部件制造商:审查用以识别重要部件构型和改装状态的现行标准的适合性,确保能够容易地识别出具有相似件号的重要部件之间的差异。

中华航空公司 CI611 航班空难

2002年5月25日,中华航空公司CI611航班执行飞行任务,自台湾桃园机场飞往香港赤腊角国际机场。该机于台北当地时间15点29分坠毁于台湾澎湖县马公市东北方约23海里处的海面。机上共有225人,其中机组人员19人,旅客206人,全部遇难。

1. 事故叙述

该机为一架波音747-200型飞机,国籍登记号为B-18255,飞行机组共有3人,其中两名驾驶员,一名飞行机械员,客舱机组16人,旅客206人。

当天下午13点05分,CI611航班机长到桃园机场派遣中心报到,听取值班签派员的飞行前任务提示,其中包括台北飞行情报区相关飞行通告等信息,历时大约20min。副驾驶及飞行机械员在台北中华航空公司的报到中心报到,并于13点30分抵达桃园机场。

台北当天下午的天气条件很好:天气晴朗,温度28℃,有风速9kn的东风。14点57分06秒,CI611航班飞行机组请求滑行许可。15点07分10秒,该航班获得滑行许可,并由06跑道起飞,起飞及爬升情况正常。在爬升到1600英尺后,15点08分53秒,该航班机组与台北进近室联络。15点10分34秒,进近室指示其爬升到26000英尺并保持高度,定向CHALI,即JESSY一号离场程序中的一个定位点,位于马公多向导航台/测距仪038幅向/83海里。15点12分12秒,飞行机械员联络中华航空公司,告知CI611航班在桃园机场延迟起飞的情况及预计抵达香港机场的时间。在穿越高度层FL187时,15点16分24秒,台北区域管制中心(TACC)指示CI611爬升并保持飞行高度层FL350,同时由CHALI定向到KADLO,即A-1航路的报告点,在马公多向导航台/测距仪241幅向/72海里。这是该航班最后一次无线电通话,时间为15点16分31秒。

15点28分03秒,也就是大约12min后,CI611从台北区域管制中心的雷达屏幕上消失。之后,搜救工作随即展开。18点,在马公东北方23海里处的海面上发现了飞机残骸。雷达数据显示,该机在高度为34900英尺时发生了空中解体。

2. 事故调查

事故调查工作由台湾行政院飞航安全委员会负责。在这起事故中,由于事故调查人员通过残骸的检验发现了导致事故的极可能原因,因此这里重点介绍残骸打捞和检验阶段的情况。

1) 残骸打捞阶段

确认CI611航班事故发生之后,飞航安全委员与交通部和民航局协力搜寻罹难者、飞行数据记录器(FDR)水下定位发报器信号,以及飞机残骸。残骸打捞分为四个阶段。

第一阶段,海军及海巡署舰船打捞漂浮残骸,绘制残骸分布图,搜寻FDR水下定位发报器。

第二阶段,亚太公司船只打捞残骸,捞起一号和四号发动机、右翼上蒙皮、上部甲板、连着L3号门的左起落架。

第三阶段,专业打捞船进行残骸打捞作业,海军救难大队及专业打捞船打捞 FDR。6月 18 日捞出驾驶舱话音记录器(CVR),第二天捞出 FDR。此阶段还捞出大量残骸,并且又发现了一些残骸的位置。

第四阶段,拖网式残骸打捞,又打捞起一些残骸,大部分为机体结构件和系统零件。

残骸被捞出的地区被划分为红、黄、绿和蓝四个区。残骸根据打捞顺序做了编号,并输入飞航安全委员会 CI611 数据库保存。

2) 残骸检验阶段

打捞上来的飞机残骸主要包括前机身 41/42/44 段、机身 46 段结构、机身 48 段及尾部结构、发动机与支撑结构,以及系统组件,情况如下。

(1) 前机身 41/42/44 段残骸。前机身 41/42 段为机翼以前的机身结构,44 段为机翼及主轮舱附近的机身机构,多数在黄区的主残骸区捞出,分布相当集中,且较完整。除右机身起落架在绿区外,所有起落架残骸均从黄区捞出。该区域还捞出了中段机翼及中段机身。

(2) 机身 46 段结构残骸。大部分机身 46 段结构残骸,其中包括主轮舱及机翼后方的机身残骸均在红区,只有从 44 段延伸至 46 段的大型残骸在黄区。机身 46 段残骸呈东西向分布,前后距离超过 4 海里。

(3) 机身 48 段及尾部结构。机身 48 段及尾部结构为后加压舱隔框及其后部结构,此结构残骸均从红区捞出,包括水平安定面、蒙皮、横梁、纵桁、加压舱隔框,以及垂直安定面下半部的三分之一等,均完整连接,但有轻微损伤(残骸编号 630)。

(4) 发动机与支撑结构。四台发动机捞出的位置相对比较集中,大部分支撑结构仍然与发动机相连,所有安全销仍然完整。

(5) 系统组件残骸。主要包括驾驶舱控制面板和仪表,以及客舱地板通气阀。驾驶舱被打捞起来时相对完整,仪表板及散落的线束仍在驾驶舱内。客舱地板通气阀共找到了 19 个,其中 4 个属于机身后段的通气阀上的通气板处于开启状态,显示机身后段底部曾经历快速泄压情形。

下面重点介绍一下机身 46 段、机身 48 段及尾部结构残骸情况。

(1) 机身 46 段结构残骸。包括后货舱门、半硬壳式结构和编号 640 残骸。

① 后货舱门。分解成三大块:后货舱门上部结构,捞起时铰链完整,制动器在关闭位置;后货舱门下部,包括三对前部门闩,保持在关闭且锁住位置,只有少量蒙皮及纵桁连接在横梁结构上;后货舱门下后部分,包括后部几组门闩,闩扣脱离。后货舱门下方蒙皮往外弯曲约 45°。检查铰链、门闩及舱门机械结构显示,后货舱门在解体前为拴扣状态。

② 半硬壳式结构。仅部分 46 段半硬壳式结构的蒙皮、横框和纵桁被捞出,经过二维方式重建,用于协助进行面板断裂及变形评估。

③ 编号 640 残骸。640 残骸位于机身第 2060~2180 站位,约从纵桁 S-48L 与 S-49L 之间至纵桁 S-50R 与 S-51R 之间,其上贴附一块宽 23 英寸、长 125 英寸的修理补片,修理补片周围用两排沉头铆钉与蒙皮固定;修理补片与纵桁 S-51R 及 S-49L 之间以圆头铆钉固定;与纵桁 S-50L 及 S-51L 之间则用沉头铆钉固定。进行残骸检查时,在纵桁 S-49L 附近的蒙皮边缘发现平整断裂面,显示出缓慢裂纹生长形态。编号 640C1 及 640C2 残骸是由 640 残骸切割下来的,送中山科学研究院及波音材料实验室(BMT)进

行金相分析。

编号640残骸还包括：散货舱门，捞出时为关闭且锁住状态，散货舱门下方的橡胶门封从门与门槛间的缝隙中露出；部分后货舱门开口框架后段部分，其中下门闩组件处变形。

对640残骸的金相检验包括：蒙皮检验、修理补片检验，以及蒙皮断裂面检验。

① 蒙皮检验。将修理补片拆解后露出蒙皮。去除蒙皮表面的涂漆后，被修理补片覆盖的蒙皮上呈现多处划痕损伤，损伤范围约120英寸×20英寸，大部分划痕为纵向（前后走向）刮痕，损伤最严重的部位发生在蒙皮的强化结构件（如纵桁、框架的剪力连接片）附近。在大部分修理补片覆盖的蒙皮表面，可以看出打磨的痕迹，显示维修人员曾试图去除刮痕。

检验人员在修理补片覆盖的蒙皮表面选择五处呈现主要刮痕损伤的部位进行刮痕形状深度的测量，各部位测量的最大深度范围从0.0066英寸～0.0096英寸不等。

在几处蒙皮内表面与剪力连接片连接的部位发现腐蚀损伤，某些腐蚀损伤完全穿透蒙皮。从腐蚀特征及蒙皮状况可以看出，这些腐蚀并非事故发生后残骸在海水中浸泡所致。

此外，从化学频谱分析、硬度测试与导电性测量结果判断，640残骸蒙皮与修理补片的材料都是2024-T3铝合金。

② 修理补片检验。在修理补片内表面靠近S-49L的蒙皮断裂面边缘，发现一层浅色沉淀物。将此沉淀物置于低倍光学显微镜下观察，发现其外观与修理补片外表面的蓝色涂漆相似。进一步利用傅里叶转换红外线光谱分析，沉淀物所呈现的光谱反应与修理补片外表面的蓝色涂漆光谱反应相吻合。

同样，在修理补片内表面靠近纵桁S-49L的蒙皮裂纹面旁边，有多处小范围的擦痕，呈现局部摩擦现象。通过光学显微镜观察及损伤方向判断，此摩擦损伤是由机身环状方向运动造成的；补片上自第2061站位（第16号铆钉孔）至2132站位（第49号孔）的摩擦损伤大多发生在铆钉孔位置；与蒙皮的接触区域呈现出多层颜色及环向的刮痕痕迹；对刮痕进行横切面观察，发现在刮痕的沟槽内有其他物质覆盖或填入。

另外，640残骸修理补片上大部分铆钉有施力过大的情况。在发现的402个铆钉中，有267个（66%）铆钉施力过大。

③ 蒙皮断裂面检验。对于纵桁S-49L第二排铆钉边缘蒙皮断裂面，检验人员先后进行了目视、低倍、高倍显微镜及扫描电镜检查。大部分所发现的疲劳裂纹断面呈平坦外形，裂纹贯穿蒙皮方向由外而内成长，主要裂纹以第2100站位为中心，长15.1英寸，且贯穿蒙皮，从第10号孔延伸至第25号孔。其余较小的疲劳裂纹称作多点损伤（MSD），分布范围从第14孔到第51孔。包括主要疲劳裂纹在内，所有疲劳裂纹累积长度为25.4英寸。

除疲劳损伤外，另一种在断裂面上发现的损伤现象为超过结构受力极限的强制破坏模式，此破坏模式沿平行纵桁S-49L的破裂面，自第10号孔开始向前传递，以及从第25号孔向后传递。

（2）机身48段及尾部结构——编号630残骸，包括水平安定面、蒙皮、横梁、纵桁、加压舱隔框，以及垂直安定面下半部的三分之一等。

① 水平安定面。右水平安定面损伤比左水平安定面严重。距离右水平安定面前缘根部10英尺处有明显撞击损坏,且其周围结构向上变形。

② 垂直安定面。大部分垂直安定面上半部残骸(编号2035)与48段其他残骸分离。2035残骸垂直安定面前缘往左变形,其下缘也呈现向左弯曲及分裂的现象,其上部前缘呈现由前到后、由右到左的撕裂损伤。垂直安定面底部(630C1)残骸断裂情况及周围蒙皮变形情况与垂直安定面上部遭受撞击向左弯曲的情况相吻合。630C1、2035以及部分编号为22的垂直安定面残骸均显示右侧部位遭到撞击。后加压舱隔框舱壁下半部向上挤压变形,后加压舱隔框舱壁至水平安定面千斤螺杆之间的横框向后挤压变形破裂,右水平安定面尤为明显。

③ 机身48段机腹区域。该区域的机身第2484至2658站位处有两片相邻的修理补片。飞机履历本记载机腹蒙皮自第2578到2638站位间有严重磨损。查看48段机身的两块补片,一号补片(第2484到2598站位)覆盖的蒙皮上有沿机身前后方向的纵向刮痕,在横框及纵桁等结构支撑处损伤情况最为严重,损伤区域未经切割或清除,但有打磨痕迹。二号补片(第2598到2658站位)覆盖的蒙皮已被切除。一号补片存在类似640残骸的刮痕,主要的刮痕长度自2484到2575.5站位,最深处为0.0083英寸,宽度从7英寸到3英寸。

3. 事故分析

根据雷达数据显示,事故飞机在尚未到达35000英尺的巡航高度前便解体了。事故调查人员根据残骸检验结果、CVR和FDR的记录,以及其他相关资料,排除了空中相撞、发动机失效或脱离、天气或自然现象、爆炸物、油箱爆炸、货舱门开启、客舱超压、危险品,共八种造成飞机空中解体的事故肇因,认为事故极可能的原因是结构失效。

经详细检查FDR所记载的参数值发现,在记录器丧失电力前10s,所记载的垂直及侧向加速度值均缓慢增加。但与前三次航班记录数据比较发现,垂直加速度有明显增加。调查人员怀疑,在记录器失去电力前,该飞机结构可能已经开始失效。

15点27分59秒,该事故飞机的CVR和FDR同时断电停止记录,4s后马公雷达收到最后一个二次雷达信号,15s后,厦门雷达收到最后一个雷达信号。15点28分08秒,一次雷达探测到飞机解体碎片的回波信号,判断该机应当是在15点27分59秒到15点28分08秒之间开始解体的。

CVR和FDR安装于后机身加压舱内的E8架上,主要电源来自4号发电机的主交流电汇流条。一旦4号发电机失效,主交流电汇流条会自动切换到同步汇流条继续供电。因此任何单一失效或发生在加压区以外的结构解体均无法造成两个记录器同时断电。因此,调查人员认为极可能的原因是加压区内的结构解体。

CVR和FDR均安装在机身后段5L号舱门上方位置,雷达回波器天线安装于机身前段1号门后方。当两个记录器同时断电后,雷达回波器却继续作动长达15s之久。调查人员推断,飞机开始解体时,机身后段加压舱内的电源线被切断,造成记录器断电,此时,机身前段的雷达回波器仍有供电,又持续工作了15s。因此,认为机身解体应当发生在发动机与记录器之间的位置。

客舱地板通气阀安装于客舱两侧的地板上方,分布于整架飞机的特定位置,各组件均由通气板及百叶格组成弹簧铰链制动的通气门。正常情况下,通气门由一过中心的阀门机械装置将其保持在关闭位置。如果机身下方发生快速泄压情况，客舱与机身下方的压差将导致通气门向舱内方向开启，以提供更多的空气流通通道，防止地板结构失效。该通气门一旦开启，将一直保持开启状态，需要在落地后手动关闭。前面已经提到，客舱地板通气阀共找到19个，其中有4个属于机身后段的通气阀上的通气板均处于开启状态，这说明机身后段底部曾经历快速泄压。

由于编号640残骸位于调查人员推断的机身解体位置范围内，并且前面提到过，该残骸的断裂面上有多处疲劳裂纹，累积长度为25.4英寸，其中包括一个长15.1英寸连续且穿透蒙皮的主要裂纹，以及其他较小的疲劳裂纹，裂纹分布从第14号孔至51号孔。因此事故调查人员分析认为，640残骸上附有修理补片的蒙皮极有可能是机身解体的元凶，于是开始寻找疲劳裂纹的产生原因及发展情况。

前面提到过640残骸修理补片覆盖的蒙皮存在多处纵向刮痕，另外蒙皮上有砂纸打磨的痕迹，表明维修人员曾经试图打磨掉刮痕。这些刮痕及打磨痕迹与1980年该机擦机尾事件及其后的维修作业相吻合。

刮痕在蒙皮上会造成不连续性及应力集中现象，称为"应力增高点"。实验室检验结果显示，主要疲劳裂纹及大部分"多点损伤"起源于修理补片周围的固定铆钉及补片外侧所覆盖的蒙皮刮痕。640残骸断裂面上的疲劳裂纹与传统裂纹模式不同，一般认为标准裂纹成长模式为孔对孔的方向成长，但在640残骸平坦的疲劳断裂面上，并未发现裂纹向前或向后成长的纹路，反而是以朝向穿透蒙皮的方向、速度渐增的方式成长。此现象可归因于大部分疲劳裂纹是由刮痕上多个起源点起始，由外而内发展所致。

根据波音材料实验室检验报告，在修理补片内表面边缘，纵桁S-49L上方的断裂面附近呈现多处局部性的摩擦损伤。此局部性损伤往前最远可至第16号孔，往后最远可至第49号孔之间，此摩擦损伤由蒙皮与修理补片在机身环状方向的相对运动造成。

修理补片下方蒙皮上的裂纹会随航空器加减压时做周期性开合。这种重复开合动作使破裂面的另一半蒙皮与修理补片间产生机身环状方向的相对运动，因而造成蒙皮与修理补片的接触面相互摩擦。在修理补片上形成的重复摩擦痕迹正好与此现象相吻合。

摩擦痕迹较严重的区域分布在主要疲劳裂纹附近，而较轻微的区域分布在既存裂纹的两端。绝大部分摩擦损伤均发生在蒙皮及补片紧密接触的铆钉/孔附近的位置。

前面提到，在蒙皮与修理补片环状方向的相对运动所造成的摩擦痕上观察发现有其他物质覆盖。此现象表明，在较早的环状方向相对运动造成修理补片上的摩擦痕后，后续的重复动作可能将其他物质推向摩擦痕而将其覆盖。除此之外，接触区域上不同色层也表明该区域曾经历不同时期与不同程度的摩擦运动。

因此，调查人员认为此摩擦痕迹最可能的肇因应当是既存裂纹随航空器加压循环所产生的重复性开合运动。当不稳定的快速撕裂裂纹开始发展后，裂纹将无法再次闭合。虽然该事故飞机起飞前的裂纹长度无法确定，但是由摩擦痕迹分布情况可以推论，在飞机解体前应当有一条至少71英寸长的连续既存裂纹。

根据残余强度分析可知，当既存的连续裂纹长度超过58英寸时，蒙皮结构的剩余强度将低于该机的操作应力，因此造成蒙皮结构在正常的操作负载下超过其受力限度。

根据上述分析，调查人员总结了CI611航班可能的空中解体过程。

检验结果显示，640残骸被修理补片覆盖的蒙皮上有多处纵向（前后走向）刮痕，维修人员曾经为去除刮痕用砂纸打磨,这些刮痕和打磨痕迹可追溯到该机 1980 年擦机尾事件。

640 残骸断裂表面发现疲劳裂纹,所有裂纹累积长度为 25.4 英寸,包括一条长 15.1 的主疲劳裂纹和其他较小的疲劳裂纹,分布自第 14 号到 51 号孔,这些裂纹以速度渐增的方式沿穿透蒙皮的方向成长,此现象可归因于大部分疲劳裂纹是由蒙皮刮痕上多个起源点开始成长所致。

事故飞机爬升接近巡航高度 35000 英尺时,渐增的压差使第 2100 站位及纵桁 S-49L 处蒙皮的既存裂纹超过其临界长度,蒙皮结构剩余强度降低至航空器操作应力以下,导致机体结构不稳定裂解,引发舱压迅速泄放。

机身下方蒙皮快速往机身上半部撕裂,在 CVR 与 FDR 尚未记录到重要的异常数据前,电源线已被切断。

46 段残骸开始自机身两侧脱离,从在垂直尾翼上发现的陷入的残骸碎片得知,机腹右侧残骸碎片脱离机身后,撞击至垂直尾翼前缘及其右侧,在不完整的 46 段结构逐渐无法支撑尾部重量的情况下,整段尾部开始断裂并与机身分离。

机身解体过程中,飞机可能因姿态剧烈变化而产生巨大惯性力矩,这可能是四台发动机在空中便与机身脱离的原因。根据发动机残骸寻获位置相当集中的情形研判,四台发动机几乎同时脱离机身。

4. 维修差错分析

通过上述分析,在了解到 640 残骸上贴有修理补片的蒙皮是造成飞机结构失效,导致机身解体的极可能原因后,就不得不提到 1980 年擦机尾事件后的修理情况。

该机曾经在 1980 年 2 月 7 日在香港启德机场发生擦机尾事件,当天在波音飞机公司驻港代表协助下执行初步检查后返台,于 2 月 8 日完成临时性修理后继续执行飞行任务。但未找到该次临时性修理记录。

根据航空器履历本记录,该机曾于 5 月 23 日至 26 日执行了"机身底部修理",内容包括:①破损区域切除修理;②补片修理;③依据中华航空公司工程建议及波音结构修理手册 SRM 53-30-03 节图 1 执行后机腹蒙皮修理。

访谈与维修资料显示,当时中华航空公司在咨询波音代表后,工程部门于 1980 年 2 月 8 日完成了该区域修理的工程建议,并说明永久性修理必须于 4 个月内依照结构修理手册执行完成。当时使用的 1976 年版结构修理手册 SRM 53-30-01 节给出了机身蒙皮的损伤容许程度要求:受损区域完成打磨修理后,受损处距各孔、铆钉,以及蒙皮边缘的距离不得小于蒙皮打磨修理深度的 20 倍,且当受损处长度超过 11 英寸时,打磨后的蒙皮厚度不得小于原蒙皮厚度的 85%,否则该区域必须依照 SRM 53-30-03 节执行结构补强修理,以重建该区域的机构强度。

由于临时性和永久性修理资料均未找到,调查人员只好凭检查结果分析、判断当年结构修理采取的方法。检查 640 残骸显示,损坏蒙皮区域内的刮痕在打磨修理后,残留在蒙皮上的刮痕的最大深度约为原蒙皮厚度的 15.5%(0.0096 英寸),而长度超过 20 英寸。也就是说,损伤程度超过了结构修理手册规定的损伤容许程度。按照结构修理手册的要求,则必须切除损伤区域的蒙皮并安装补片,或更换受损区域的蒙皮,以恢复结构强度。但当时并未依照上述两种修理方法执行。修理后擦机尾刮痕依然存在,修理补片则直接覆盖其上,且修理补片也未有效覆盖受损区域的蒙皮,在补片最外排铆钉之外仍有刮痕存在。在这种情况下,蒙皮上位于最外排铆钉与补片边缘之间的隐藏裂纹就无法被补片强度所保护。

根据访谈记录,中华航空公司人员表示,如果结构修理手册中的修理方法为典型修理方法,则可被视为一般修理,不需要征求波音飞机公司的意见,相关修理记录也不需要长期保存。对当时波音驻中华航空公司代表(已退休)的访谈表明,如果结构修理方式依据的是结构修理手册,则不需要通知波音代表。如果在执行修理时遇到问题,则航空公司会向波音代表寻求协助。由于该次擦机尾修理并非复杂修理,因此中华航空公司未通知波音飞机公司。

但是,中华航空公司负责执行该次永久性修理的结构工程师(已退休)则表示,当时公司进行永久性修理时发现,依据结构修理手册的修理程序,需将损坏区域蒙皮先切除,然后覆上一片125英寸×23英寸的加强补片。由于切除区域太大,按照结构修理手册的方法有技术上的困难,因此决定不按结构修理手册的建议切除损坏区蒙皮,而是效仿临时修理模式,直接将加强补片装钉于受损蒙皮上。该结构工程师称,曾将该困难及修理方式请波音代表转达给波音飞机公司。由于当时中华航空公司未收到波音针对永久性修理方法的答复,该结构工程师便以为修理方式已获得了波音认可。

由于缺少事故飞机的维修记录,所以调查人员无法判断该结构工程师与波音代表就1980年擦机尾永久性修理方法的实际沟通状况,只能认定中华航空公司的永久性修理未完全按照结构修理手册执行,同时波音飞机公司与华航当时存在沟通不良的问题。

根据波音飞机公司1980年发布的文件,波音技术代表的责任是协助解决影响波音飞机运行的问题。在发生擦机尾时,该事故飞机在中华航空公司属于较新的机型,是公司向波音购买的第二架B747-200飞机。与其他旧机型相比,波音技术代表对该机发生的任何情况应当持更积极的态度,对永久性修理方法应当保持警觉并有所质疑。但是当时技术代表虽然看到了擦机尾事件造成的刮痕,但是却没有对此关键修理提供任何建议和协助,显示失去了专业作用。

中华航空公司的质量保证系统存在缺陷,导致检验系统未能察觉该机1980年的结构修理未依照结构修理手册执行,该次修理实际是无效修理。

作为监管部门的民航局,也没有该次擦机尾修理记录。民航局表示,由于中华航空公司认为该次修理为一般修理,所以按规定无需向民航局提交相关修理资料。另外,当时中华航空公司发布的工程建议也未提交给民航局,民航局也无人涉及此次修理。

访谈得知,在1980年的时候,民航局尚未建立适航监察系统,当时监察员没有关于航空公司维修工作是否规范的监察指南,也没有经过适航监察培训。

由于擦机尾修理方法不当,修理补片遮挡了所覆盖的蒙皮上的疲劳裂纹,从机身外部无法目视到裂纹情况。除非裂纹已经贯穿整个蒙皮,否则,也无法从机身内部看到该裂纹。而这些隐藏的刮痕、多点损伤,以及疲劳裂纹,对安全来讲,绝对是极为严重的问题,因为这些现象可能导致致命的结构失效,而且也最终导致了灾难。调查人员访谈了解到,目前中华航空公司最常使用的机体结构检查方法是目视检查及使用高频涡流进行无损检查。但是维修资料显示,该机第2060站位至2180站位之间从未执行过高频涡流检查,不过这种检查方法也无法在有外加补片的情况下,从外部检测到内部蒙皮上的裂纹。

维修记录记载,最后一次中期检查(MPV)在1977年1月10日完成。该次检查中曾对疲劳裂纹区执行了两次结构检查,第一次是普通目视检查,第二次是详细目视检查。事故调查人员查看了防腐剂清洁记录,第一次结构检查时未执行舱底区域清洁,该项普通目视检查标准工时为0.5h。结构检查前防腐剂清洁作业是可选项目,航空公司可根据成本及安全考虑,确定是否有必要执行。正常情况下,除舱底以外的部位不要求实施清洁作业。出于安全考虑,舱底应当清洁,以便使检验员在易于发现结构缺陷的环境下执行目视检查。

检验员在访谈中提到,航空器进机库作业时环境照明不足,仅有一盏或两盏日光灯,以及检验员自备的手电筒。中华航空公司也未规定结构检查时的照明标准。而照明不足的环境势必影响对工作区域的检查效果。另外,检验员还谈到结构检查工具包括手电筒、镜子和刮刀。放大镜放在办公室,必要时可到办公室取用。当时,中华航空公司未将放大镜列为必要的检验员装备。事实上,放大镜在结构检查时的作用极为重要,但当时检验员在进行中期检查时未使用放大镜执行结构检查。结构修理手册规定,必要时必须使用放大镜执行结构检查,这并不表示检验员可以随意使用或不使用放大镜,检验员应当随身携带放大镜并在需要时使用。结构检验员未携带放大镜可能影响结构检查的效果。

由于到事故发生前,所执行的历次检查均未察觉1980年执行的修理为不当修理,也未发现补片覆盖下的蒙皮结构劣化的情况,最终导致了这场悲剧的发生,225条无辜的生命转瞬间消逝了。

5. 安全建议

为了防止类似事故再次发生,提高飞行安全水平,飞航安全委员会分别向民航局、中华航空公司、波音飞机公司,以及美国联邦航空局提出了多项安全建议。

1) 对民航局的安全建议

飞行安全中期建议:

(1) 确保监督航空器运营人在实施民用航空运输类航空器压力舱结构修理时,必须遵守原制造厂的结构修理规范的要求,以避免遗漏那些隐而不显的损伤,从而引发"多点疲劳性损伤"及"疲劳裂纹"。

(2) 发布适航指令,规定曾经执行过压力舱结构修理的航空器除执行波音飞机公司发布的"紧急服务通告 ASB 747-53A2489"已涵盖的机型及范围外,还要拆除其他所有压力舱结构修理的修理补片,检查其所覆盖的蒙皮上是否有可能导致"多点疲劳性损伤"或"疲劳裂纹"的隐藏性结构损坏情况。如果检查结果发现有上述情况,则必须按照结构修理手册或者其他经批准的规范进行修理。修理过程及结果均应报民航局批准。

(3) 加强维修现场施工质量保证程序的检查,以消除此类隐藏性的飞行安全隐患。

(4) 规定航空公司及航空器维修单位需将本通告的背景情况告知维修人员,强调此类隐藏性损伤可能引发"多点疲劳性损伤"及"疲劳裂纹",并纳入专业培训教材当中。

(5) 要求航空器运营人将"隐藏性压力舱结构损伤可能导致机体结构失效"的警示语加注于维修手册及压力舱结构修理工作单中,以使维修人员保持警惕。

飞行安全改进建议:

(1) 确保航空器运营人取得所有与安全相关的文件,且有效评估相关文件对飞行安全的影响。

（2）检查维修记录检查程序,确保航空器运营人内部系统能适当且有效地确认所有航空器的持续适航计划均按时且完全执行。

（3）对于强制性持续适航信息,如结构修理评估计划,确保有适当的程序以决定实施的门槛,并将安全、运行、施工质量,以及检查的不确定因素纳入判断实施门槛时的考虑中,且应将所有用来决定实施门槛的分析资料完整记录。

（4）鼓励航空器运营人建立适当的档案保存系统,使检验员能够更清晰地查阅维修记录。

（5）鼓励航空器运营人尽早评估并实施与安全相关的适航规定。

（6）评估采用飞行记录器独立电源及两套CVR和FDR,以改善飞行事故调查成效。

（7）评估将客舱压力列为FDR的强制记录参数。

（8）密切注意国际上有关无损检查设备及程序的技术发展。

2）对中华航空公司的安全建议

（1）确保按照结构修理手册规范或监管机构批准的方法执行结构修理,并按批准的规则、程序,以及最佳做法执行损伤评估。

（2）检查维修记录保持系统,确保所有维修作业记录均妥善保存。

（3）尽早评估并实施与安全相关的适航规定,如结构修理评估计划等。

（4）检查自我监督程序,确保持续适航的强制规定,如腐蚀预防及控制计划等按照批准的维修计划完成。

（5）提高维修人员对航空器外观表面出现不规则情况时的警觉性,尽早发现可能隐藏的结构损伤。

（6）重新评估与制造厂驻厂代表的合作关系,积极寻求制造厂驻厂代表的协助与建议,尤其在维修作业方面。

3）对波音飞机公司的安全建议

（1）重新评估驻厂代表与航空器运营人的合作关系,更为主动积极地向航空器运营人提供相关建议,协助解决维修作业中遇到的问题。

（2）开展或加强更有效率的无损检查设备及程序的研究。

4）对美国联邦航空局的安全建议

（1）评估采用飞行记录器独立电源及两套CVR及FDR的做法,以改善飞行事故调查成效。

（2）评估将客舱压力列为FDR的强制记录参数。

（3）对于强制性持续适航信息,如结构修理评估计划,确保有适当的程序以决定实施的门槛,并将安全、运行、施工质量及检查的不确定因素纳入判定实施门槛时的考虑中,且应将所有用来决定实施门槛的分析资料完整记录。

中西航空公司 5481 航班空难

2003年1月8日,美国中西航空公司一架 Beech 1900D 飞机执行 5481 航班任务,从北卡罗来纳州的夏洛特—道格拉斯(Charlotte – Douglas)国际机场起飞后不久就坠毁在机场附近。机上 21 人全部遇难,地面上有一人受轻伤。

1. 事故叙述

2003年1月8日,美国东部标准时间大约早上8点47分28秒(以下未注时间均为美国东部标准时间),中西航空公司的 5481 航班刚从北卡罗来纳州的夏洛特—道格拉斯国际机场(CLT)18R 跑道起飞不久就坠毁在机场附近。该飞机是雷神飞机公司制造的 Beech 1900D,登记号为 N233YV。机上两名飞行员和 19 名乘客全部遇难,地面上有一人受轻伤。飞机由于猛烈撞击和坠毁后着火全部损毁。5481 航班是飞往南卡罗来纳州格林维尔—斯帕坦堡(Greenville – Spartanburg)国际机场(GSP)的定期客运航班,按照联邦条例法典第 14 集(14CFR)第 121 部及仪表飞行规则运营。事故当时的气象条件符合当地的常规目视气象条件。

当天,在事故发生前,该事故飞机的机组计划在一天的航程中飞两个航段:第一个航段从 CLT 飞到 GSP(即 5481 航班),第二个航段从 GSP 起飞,前往北卡罗来纳州的罗利—达勒姆(Raleigh – Durham)国际机场(RDU)。然后,该机组将作为旅客再由 RDU 飞回 CLT。然而,不幸的是,飞机在第一个航段就出事了。

1月8日早上,中西航空公司的一名飞行员曾看到事故飞机的机长和副驾驶先后于 7 点 45 分和 8 点到了登机门区域。大约在 8 点 30 分,机长驾驶 5481 航班滑离登机门。

根据飞行数据记录器(FDR)的数据显示,机组大约在 8 点 35 分 16 秒开始对升降舵进行操纵检查。大约 8 点 37 分 20 秒,副驾驶与机场塔台联系,通知塔台的地面管制员,5481 航班准备滑行,于是该管制员指示飞行机组滑行到跑道 18R。

8 点 46 分 18 秒,本地管制员批准 5481 航班起飞,并指示航班机组在起飞后向右转到航向 230°。8 点 46 分 35 秒,机长指示副驾驶将飞机设置到起飞功率,副驾驶回答已设定。

起飞后,8 点 46 分 48 秒,飞机空速已达 102kn 以上,升降舵位置为 7°机头下俯。大约 3s 后,升降舵位置为 1°机头下俯,并且飞机俯仰姿态开始增大。8 点 46 分 53 秒之后,俯仰配平开始推动机头下俯,并且大约过了 3s,机长要求起落架收起。8 点 46 分 57 秒,升降舵位置返回到 7°机头下俯。大约过了 2s,驾驶舱话音记录器(CVR)记录下了起落架收上的声音。

8 点 47 分 02 秒,副驾驶突然惊讶地发出"哇"的一声,紧接着机长也发出"啊呀"的惊叫声,并呼喊:"请帮我!"此时,飞机处于距地面 90 英尺高度上,FDR 数据显示,飞机的俯仰姿态为 20°机头上仰,空速 139kn。8 点 47 分 04 秒,CVR 记录下了机长的请求,"让飞机低头!"FDR 数据显示,飞行机组用力操纵飞机下俯。在随后七八秒的时间里,CVR 录下了飞行机组一直努力推动操纵杆使机头下俯的声音。同时,大约 8 点 47 分 09 秒,CVR 记录下发动机、螺旋桨交替的噪声,大约 1s 后,开始出现类似失速警告的声音。

按照 FDR 数据显示,大约在 8 点 47 分 13 秒,飞机最大俯仰姿态为 54°机头上仰。8 点 47 分 16 秒,机长用无线电呼叫塔台:"5481 航班处于紧急状态",同时 CVR 中类似失速警告的声音停止。8 点 47 分 18 秒,飞机俯仰姿态降到 0°,升降舵位置开始了机头下俯的移动。8 点 47 分 19 秒之前,飞机处于距地面 1150 英尺的高度,最大左倾斜 127°,最小空速为 31kn。大约过了 1s,飞机的俯仰姿态为 42°机头下俯。

8 点 47 分 21 秒,机长用力拉操纵杆,升降舵位置达到最大机头上仰,飞机俯仰姿态为 39°机头下俯。大约就在此时,CVR 再次出现类似失速警告的声音,这一次,该声音一直持续到记录终止。08 点 47 分 22 秒,飞机的倾斜姿态稳定在左机翼向下大约 20°的位置,俯仰姿态开始增大,升降舵的位置从机头下俯向上移动,达到 8°机头上仰。8 点 47 分 24 秒,飞机向右倾斜,俯仰姿态达到 5°机头下俯。

FDR 数据显示,8 点 47 分 26 秒,飞机最大向右倾斜 68°,最大垂直加速度为 1.9g。CVR 记录显示,大约就在同一时间,机长、副驾驶均发出了最后的呼叫:"唉,上帝呀。"此后,也就是在 8 点 47 分 28.1 秒之后,CVR 停止了记录。FDR 最后记录的飞机俯仰姿态为 47°机头下俯,倾斜姿态为向右倾斜 66°,但俯仰控制位置却为 19.2°机头上仰,这相当于升降舵的最大机头上仰位置。

飞机撞到机库后坠落在距跑道 18R 中心线以东 1650 英尺处,距离跑道着陆入口 7600 英尺,具体方位是北纬 35°12′25″,西经 80°54′46.85″。

负责指挥该航班的地面管制员说,他在听到同事说该飞机可能要失速时,开始注意到该航班的问题。当时飞机正从高度大约 200 英尺爬升。他说,爬升坡度太陡。在高度大约 1000 英尺时,飞机机翼向左倾斜。他还说,他看到飞机以机头下俯的姿态下降,加速,并且大约在美国航空公司机库上空的位置拉平。他以为飞行员暂时恢复了对飞机的控制,但是紧接着飞机又机头下俯,撞在机库上,顿时升起一团火球。他补充说,在飞机飞行过程中,两台发动机似乎还在运转,而且也没有看到有任何东西从飞机上掉下来。

本地管制员说,飞机在跑道 3200 英尺处离地,并开始正常爬升,但爬升坡度越来越陡。他补充道,飞机起飞后不是向右转弯,而是机头越来越高地上仰,在 800 英尺和 2000 英尺之间几乎接近垂直。该管制员说,他意识到飞机出了问题,曾大声喊道,"这家伙要失速!"他说,飞机抬头的速度很平缓,不像是在做特技表演。他看到飞机向左倾斜下落,明显是失速,接着恢复了平飞姿态。接下来,他看到飞机又向右倾斜、翻转,一下子撞在了机库上,接着就看见一团火球。

2. 事故调查

本次事故调查大体上分为四部分:事故现场调查、对维修单位及监督与监管部门的调查、对航空公司重量与平衡程序的调查,以及实验室分析与评估。

1) 事故现场调查

美国国家运输安全委员会(NTSB)于事故当日上午 9 点获悉事故发生后,立即组成专门调查组,下午 1 点从华盛顿特区的罗纳德·里根(Ronald Reagan)国家机场出发,下午 3 点就赶到了事故现场。

在事故现场经检查发现,飞机主要残骸位于美国航空公司维修机库西南角西边大约

30 英尺处，残骸碎片散落区域从主要残骸区分别向西南和东南延伸 160 英尺和 170 英尺，形成一个扇形带。多数飞机结构坠毁后起火。发现的主要飞机残骸有：机身、两个机翼、两台发动机，以及尾翼等主要部件。左、右两个螺旋桨都已脱离各自相连的发动机，摔落在主要残骸区之外。

水平安定面在找到时整个翻了过来，升降舵和调整片仍然固定在上面；各升降舵控制杆牢牢地固定在升降舵的各个轴上，均能在轴承上自由运动；主止动螺栓仍然固定在升降舵控制杆支柱上，且线路安全连接；升降舵操纵钢索普遍存在弯曲和结扣的情况，其机头下俯钢索的 7 股螺旋缠绕的绳束中有两股完全断裂，有一股部分断裂；机头上仰松紧螺套几乎全部收紧，而机头下俯松紧螺套几乎全部拉伸。

事故飞机配备有 Fairchild A-100 型 CVR 和 Fairchild F-1000 型 FDR。这两台记录器在事故现场找到后，被送往位于华盛顿特区的 NTSB 相关实验室，以便进行解读和评估。

对所发现的各种残骸，以及遇难者的遗体，NTSB 根据调查需要，有的取样，有的部分或整个送到有关部门或实验室，以便进一步检查或者进行药理、化学或物理方面的分析与评估。

2) 对维修单位及其监督与监管部门的调查

中西航空公司的所有维修业务都按合同外包给不同地区的维修站，如位于西弗吉尼亚州亨廷登三州机场(Tri-State/Milton J. Ferguson Field, Huntington)(HTS)的维修站就是其中的一个。但是，按照 121 部的要求，航空承运人应当为其飞机的适航性及所进行的一切维修工作负全部责任。

在事故发生前，失事飞机曾于 2003 年 1 月 6 日晚在 HTS 维修站进行过 D6 维修检查，该检查包括对升降舵、方向舵及各调整片的维修检查。如前所述，该航空公司照例把这项维修任务外包出去，由雷神航空与航天有限责任公司(RALLC)为 HTS 维修站提供机务人员、质保检查员和现场经理，而该公司又与一家名为结构改装与修理技术资源公司(SMART)签订了二次外包合同，要求由 SMART 公司提供机务人员。

就这样，从主外包合同到次外包合同，经三方签字生效。SMART 公司应提供至少 3 名机务人员：一名工长和两名机械员。派来的两名机械员先前都没有执行过完整的 D6 维修检查，因此不得不在 6 日晚上先进行岗位培训。该培训本应是工长的任务，但工长上白班，晚班不在场，只得由 RALLC 公司派出的质保检查员越俎代庖了。但该质保检查员承认，他从未做过这种培训，只是因为他当天上晚班，所以不得已而为之。

接受岗位培训的两名机械员中，有一名被指派检查升降舵控制钢索的拉力。D6 检查单(也叫 D6 工卡)上的第一道工序是确定拉力值，这就必须先测出相应的温度值。但 D6 工卡上没有说明如何测量温度。工卡上显示，该机械员记录的温度值为 55 ℉。调查人员询问该机械员是如何测量温度的，他说，他是从位于机长侧窗下面的外界大气温度计上得到的温度读数。但是，质保检查员却说，该读数实际上是从一个准备安装到失事飞机上的外界大气温度计上得到的，他还为此于 2003 年 2 月 25 日向 NTSB 提交了书面说明。

D6 工卡的下一道工序需要测量机头上仰和下俯时升降舵钢索的拉力值。机械员说，他用钢索拉力计测量每个钢索的拉力，并认为平均拉力过低。在测量时，他还参照了 Beech 1900D 飞机维修手册中 27-30-02 节"升降舵控制调节—维修做法"，并采用其中的钢索拉力曲线图来确定适当的钢索拉力值。该图分别以温度(以℉为单位)和钢索拉力值(以磅为单位)为坐标轴,温度和拉力值沿曲线一一对应。在机械员看来,钢索调整和拉力值测量似乎很简单。于是,他先在钢索拉力曲线图上查找55℉对应的平均拉力值,为61磅,公差为±8磅,也就是说,他可以把两个钢索的平均拉力调整在53磅~69磅之间。根据D6工卡的记录显示,机头上仰和下俯钢索拉力值分别调整为57磅和62磅。该机械员说,他所做的这些工作都是在质保检查员的监督下完成的。

按照Beech 1900D飞机维修手册27-30-02节的规定,机头上仰和下俯的两个钢索拉力值相加再除以2,得出的是两个钢索的平均拉力值,当升降舵在中立位时,平均拉力值范围应当在(66±8)磅之间。机械员调整后的钢索拉力平均值为59.5磅。

然而,机械员在调整钢索拉力时,没有完全执行维修手册中规定的升降舵控制系统调整程序,而是跳过了几道工序。调查人员访谈中,质保检查员说,他的确与机械员讨论过哪些工序可以不做,最后是他允许机械员跳过有关工序而只调整钢索拉力的。但是Beech 1900D飞机维修手册中并没有像D6工卡要求的那种单独检查升降舵拉力的程序,换句话说,手册中没有只调整升降舵钢索拉力、不调整升降舵控制系统的单独程序。为此,事故发生后工卡做了修改,对此程序做了进一步明确。

通过调查,似乎越发使人觉得,与其说机械员与质保检查员共同完成D6维修检查任务,还不如说在他们的密切配合下完成了D6工卡的填写。在2003年1月6日事故飞机非日常项目的维修记录中,在"偏差栏"填写的是"升降舵钢索拉力低",并盖有必检项目(RII)章,相关各栏都分别盖上了机械员和质保检查员的印章,而且还注明,升降舵钢索拉力按照维修手册27-30-02节的规定调整,操作检查正常。此外,机械员的岗位培训记录显示,他完成了有关D6维修检查的全面培训。的确,在D6工卡上,该填的都填了,然而该做的不一定都做了。机械员后来说,6号晚上,他对升降舵和方向舵做了检查,但没有对调整片做检查。就这样,失事飞机在D6维修检查完成后,一路绿灯,于1月7日早上返回航线服务,接连飞了9个航段,直到飞行第10个航段时,灾难终于发生了。

另外,调查发现维修监督方面也存在问题。如前所述,RALLC公司是航空承运人的第一外包商,负责对HTS维修站的技术支持和质量保证,中西航空公司是飞机和维修的法人代表。在HTS维修站,两个公司都分别派出了现场经理和地区现场经理。但据了解,他们都是每周工作五天,且只上白班,处理些日常工作,譬如审查头天晚上的工作记录和有关文件,参加每天例行的维修电话会议等,很少甚至从不在晚上到维修机库查看夜班工作现场,当然也包括1月6日晚上对失事飞机进行D6维修检查的现场。

3) 对航空公司重量与平衡程序的调查

咨询通告(AC)120-27C"航空器重量与平衡控制"要求承运人在其运行规范中写明确保航空器的装载不会超出经批准的重量与平衡限制的方法和程序,121部153条允许9座以上航空器的承运人使用经批准的平均重量大纲,而不是用实际重量来进行航空器重量与平衡计算。使用平均重量大纲的好处是承运人可以快速计算出旅客、行李和货物的重量。中西航空公司采用的就是经批准的平均重量大纲。

该AC中建议秋冬两季成人乘客的平均重量为185磅(含20磅手提行李重量),托运行李25磅,2岁~12岁的孩子80磅,但警告说,由于每个航空公司运行的旅客群不同,因此其所建议的平均重量不能随意适用于任何一个航空公司。为此,该AC建议航空公司开展统计调查,得出适合于本公司运行的平均重量,并将结果提交给美国联邦航空局(FAA)。

中西航空公司的重量与平衡控制程序规定,秋冬季节成人旅客重量为175磅(包括10磅手提行李重量),2岁~12岁儿童80磅,托运行李25磅,并详细说明了19座构型的Beech 1900D飞机重量与重心计算方法。

事故后访谈了两名负责5481航班的地面代理,其中一人称,事故飞机上有23件托运行李,8件手提行李。托运行李中有两件很沉,估计重量有70磅~80磅。他说,他曾告诉机长有些行李很沉,虽然标签上未标明实际重量。但机长表示没有关系,因为机上有个小孩,允许行李有些超重。

4)实验室分析与评估

NTSB对主要飞机残骸在有关部门或实验室进行了各种有针对性的试验、分析和检查,如飞机性能方面的地面试验、材料分析等,得到的结果是:除了多数结构由于撞击和坠毁后大火而受到严重损坏外,没有发现事先存在的结构失效或缺陷;失事飞机的发动机和螺旋桨先后于2003年1月27日—31日和2月12日在制造厂进行了彻底分解和检查,都没有发现影响发动机和螺旋桨正常工作的事先存在的缺陷和异常;医学实验室经过医学和药理学分析,没有发现机长和副驾驶有不适宜飞行的迹象;对空中交通管制、通信和导航设施、机场情况及当地气象条件等情况全面了解、分析后,也没有发现什么问题。直到NTSB对两个飞行记录器的读取和评估结果出来后,事故调查才有了实质性的突破。

NTSB声频实验室将CVR磁带进行回放,发现走带正常,没有卡滞,记录器从8点15分41秒开始工作,一直不间断工作到8点47分28.1秒事故发生后停止。

失事飞机上的FDR是2001年按FAA的要求升级后的产品,可记录22个参数,能连续记录95个小时的数据。FDR于8点25分启动,到8点47分28秒事故发生,刚好记录下最后的有效数据。

NTSB根据FDR提供的各种数据进行了综合性分析与研究,发现升降舵俯仰控制以及飞机载重、平衡和重心都存在着严重偏差。他们以D6维修检查为界,将之前的10次飞行数据与之后的9次飞行数据进行了分析与比较,发现在维修之前,在巡航飞行阶段,俯仰控制位置值正常为4°机头下俯,符合设计要求,但在维修之后,其巡航飞行时的位置值正常却为13°机头下俯,比之前的正常值偏出9°,显然,该俯仰控制位置参数代表的不可能是升降舵实际的位置,仅代表操纵杆的位置。

NTSB还对失事飞机的重量与平衡及重心位置做了全面调查研究。按照中西航空公司装货清单计算的起飞总重为17028磅,重心位置为37.8% MAC,在规定的重量与重心包线(17120磅和40% MAC)范围内。

但是,NTSB根据记录器提供的飞行数据、雷达数据、有效过载和力矩模数,以及部件重量及其分布位置等进行综合分析后,得出的结论是:失事飞机的实际总重应为(17700±200)磅,重心位置为45.5% MAC,大大超过了Beech 1900D重量与重心包线。

3. 事故分析

通过以上事故调查,调查人员排除了与事故无关的一些因素,将注意力集中在维修、升降舵控制系统、飞机重量与重心,以及与之相关的管理及监督方面。

世界上任何事物的发生都不是孤立的,对于事故分析,必须从深层和内在联系上加以思考:为什么飞行机组在飞机起飞滑跑抬前轮并开始爬升阶段就失去了对飞机的控制,飞机的升降舵和重心究竟有何问题,以及对这些问题有关管理和监督部门为什么未能及早发现,做到防患于未然!

针对这些问题,从以下三个方面加以分析。

1)下俯的升降舵行程受限与D6维修检查

如前所述,失事飞机在D6维修检查之前,下俯运动的升降舵行程可达到飞机操纵的全部行程范围。但是在D6维修检查之后,飞机下俯的升降舵行程却被限制在大约7°,仅达到Beech 1900D维修手册规定全程范围14°~15°的一半。同时,根据FDR记录的飞机性能数据可知,在D6维修检查之前,飞机实际升降舵位置与FDR记录的俯仰控制位置是一致的。具体来说,在通常巡航阶段,在维修前,实际的升降舵位置为4°机头下俯,FDR记录的俯仰控制位置也是4°机头下俯。但是在D6维修之后,飞机的实际升降舵位置与FDR记录的俯仰控制位置相差9°。具体来说,同样是巡航阶段,实际升降舵位置为4°机头下俯,FDR记录的俯仰控制位置却为13°机头下俯。而俯仰控制位置传感器固定在操纵杆左侧底座上,因此FDR记录的俯仰控制位置是操纵杆的位置。也就是说,当实际升降舵位置为4°机头下俯时,操纵杆的位置是13°机头下俯。

为此,NTSB对失事飞机D6维修检查工作进行了审查,以确定是否有任何维修项目会引起对下俯升降舵运行的限制,并发现其中有一项工作涉及到对升降舵控制系统钢索拉力检查和调整。这项工作的完成情况前面已经讲过,而完成质量从下面的分析便可得知。

NTSB对在残骸中找到的俯仰控制钢索松紧螺套进行了测试分析,发现机头下俯松紧螺套测量长度为7.30英寸,比机头上仰松紧螺套的5.54英寸多出1.76英寸。然而,按照航空公司在事故后对整个42架Beech 1900D飞机机群测量得出的数据,机头下俯松紧螺套伸长的长度值平均仅比机头上仰松紧螺套的少0.04英寸。地面试验证明,如果把这些飞机的松紧螺套调整到失事飞机的长度,则会引起对下俯升降舵运动行程的限制。这就清楚地表明,在维修期间对钢索松紧螺套(以及其他可以调整的部件)的调整,引起了失事飞机升降舵行程受限。

总之,在D6维修检查期间,由于对失事飞机升降舵控制系统的错误调整,才使升降舵下俯运动行程限制到7°机头下俯,这大约相当于飞机制造厂规定值的一半。

2)重心后移及其对升降舵行程限制产生的影响

如前所述,失事飞机的实际总重应为(17700±200)磅,重心位置为45.5% MAC,超过了Beech 1900D重量与重心包线。正是因为这个原因,在D6维修后,前9次飞行中由于飞机重量未超限,重心靠前,因此均平安无事。但是,由于升降舵下俯运动行程受限,实际上这9次飞行都存在着潜在的危险。在第10次飞行时,飞机后部载荷显然过大,重心后移,为此需要大于正常机头下俯的俯仰控制力度才能保持飞机平衡,但是升降舵下俯运动行程已经被限制在7°机头下俯,即使操纵杆俯仰控制力度再大,向前推到最大位置也无济于事。

NTSB为了确定在不同飞行阶段在什么条件下失事飞机还能够飞行,对几种情况进行了计算分析。第一种情况,如果升降舵下俯运动行程不受限,能够达到全部行程——14°~15°机头下俯,那么即便飞机载重与平衡超过了规定的重量与重心限制,飞机也应当在不同阶段保持飞行,起飞爬升阶段需要 9°~10°机头下俯,巡航和下降阶段 5°~6°机头下俯,近进着陆阶段 8°~9°机头下俯。第二种情况,升降舵下俯运动行程受限在 7°~8°,假定失事飞机载荷未超过 Beech 1900D 的重量与重心限制,则只要适当调整发动机功率,飞机也能够在不同阶段保持飞行,起飞爬升阶段需要 7°~8°机头下俯,巡航和下降阶段 4°~5°机头下俯,近进着陆为 7°~8°机头下俯。

综上所述,单独的升降舵下俯运动行程受限,或者单独的重心后移,都不足以引起飞机俯仰控制失灵导致本次事故发生。于是 NTSB 得出结论:造成 5481 航班事故的直接因素有两个,一是飞机重心后移过大,二是升降舵控制系统错误调整引起下俯运动行程缩短,但是这两个因素中的任何一个孤立因素均不足以引起事故,只有当两个因素同时起作用时,才会使飞机俯仰控制丢失,飞机失控,事故才会发生。

3) 事故的根源

至此,事故发生的直接原因似乎已经明确,表面上看,的确如上所述,是飞机升降舵控制问题和飞机重心问题。那么,为什么会产生这样的问题呢?促成事故原因的根源是什么? 这里就以下两个方面加以分析。

(1) 航空承运人方面。调查发现,中西航空公司在维修管理与监督方面,以及飞机重量与平衡控制程序方面都存在重大缺陷。

首先,对维修管理与监督不够。如前所述,中西航空公司把在 HTS 维修站的维修业务做了两个层次的外包,主外包商是 RALLC 公司,次外包商是 SMART 公司。不管怎么外包,按 AC120-16D 的要求,航空承运人对其飞机的所有维修业务负有监督、批准和适航性放行的责任。但是,单就 1 月 6 日晚上在 HTS 维修站工作的七名机务人员(其中有质保检查员、工长和现场经理)来说,竟然没有一个是中西航空公司的职员。实际上,中西航空公司在该维修站的唯一代表是地区现场经理,但当天他上白班,在晚班压根儿就没到维修现场。人都未到场,还谈何监督呢。

其次,航空公司的重量与平衡程序有重大缺陷。该程序于 2001 年 4 月经 FAA 批准,其中规定了适合于本公司运行的旅客和行李的平均重量,以及重量、重心的计算方法。但根据飞机残骸分析显示,5481 航班上 31 件行李中有 4 件重量超过了 50 磅,而且都没有在飞行文件上记录。这 4 件行李中最重的 69 磅,比平均重量 25 磅多出了 44 磅。实际上,采用平均重量而不是实际重量的计算方法,导致了这 31 件行李被平均低估了 4 磅,总共少算了 124 磅。

(2) FAA 方面。NTSB 通过调查与分析发现,FAA 在对航空公司的监督与指导方面也存在缺陷。

① 对航空公司维修培训方面的监督。在事故发生的前两年,FAA 负责中西航空公司的主任维修监察员(PMI)就已经发现该承运人的维修培训大纲存在缺陷,包括培训监督、培训记录保持,以及培训程序等,都有一些较为严重的问题。尽管该 PMI 就这些问题多次向航空公司指出,甚至规定 2001 年 2 月 1 日为纠正措施的截止时间,但航空公司仍然听之任之,而 FAA 此后也未能再采取强有力的强制性措施,直到 5481 航班事故发生前问题也没有得到纠正。同样的问题也发生在 ValuJet 航空公司的 592 航班事故中。在该航班最终的事故报告中,NTSB 批评 FAA 未能对监察员发现的问题采取相应的强制性措施,对承运人及其维修承包商监督不够,措施不利,是酿成事故的根本原因。

NTSB指出,重要的是,FAA应当对航空承运人的维修培训大纲给予及时监督,以保证及时发现大纲的缺陷并及时给予指导。而更重要的是,FAA应当下大力气跟踪大纲缺陷的纠正情况。NTSB认为,由于FAA对中西航空公司维修培训大纲发现的缺陷未能采取果断、有力的措施促使其改进,也没有积极跟踪,以至于容忍HTS维修站的机械员和质保检查员为所欲为,错误地调整升降舵控制系统,最终酿成了这场大灾难!

② 对航空公司CASS大纲的监督。FAA对航空承运人的持续分析与监督系统(CASS)大纲制定了相关规定,目的是使航空承运人能有自己的内部质量控制系统,以减少安全隐患并提高运营效益。然而,121部373条对航空承运人CASS大纲的规定过于简单,没有详细说明大纲要求。而包含在AC120-16C"持续适航维修大纲"中的、在5481航班事故发生前就已生效的初始CASS大纲指南所占篇幅还不到一页,其简单程度可想而知。

早在阿拉斯加航空公司261航班事故发生后,NTSB就针对上述情况对FAA提出过批评,要求FAA重视对CASS大纲的监督,并充实现有的CASS大纲指南,但是似乎未引起FAA的足够重视。直到5481航班事故发生后,FAA才于2003年3月对AC120-16C加以修改,成为AC120-16D,把CASS大纲指南扩充为专门一章,篇幅增加了好几页。新的指南要求承运人的CASS大纲应当通过一个闭环系统不断地检测并纠正维修方案的缺陷。同年4月,FAA公布了AC120-79"持续分析监督系统的建立和实施"。NTSB认为,新的指南将会帮助FAA监察员保证CASS大纲在各承运人中的有效实施,因此建议将AC120-16D中的CASS指南和AC120-79纳入FAA指令8300.10"适航监察员手册"。

③ 对航空公司重量与平衡大纲的指导与监督。FAA负责中西航空公司的PMI在未做任何调查、验证的情况下,于2001年4月批准了公司的重量与平衡控制程序。之后,也没有对其实施进行有效监督。如果进行了有效监督,PMI在航路检查时就不难察觉到,旅客和行李的平均重量与公司大纲及AC120-27C中的平均重量有相当大的差异。事故发生后不到3周,FAA发布了通告8400.40,要求具有10座~19座客机并采用平均重量大纲的121部承运人对旅客和行李重量进行调查。调查结果显示,中西航空公司成年乘客、手提行李和托运行李的平均重量均大于AC120-27C的平均重量,分别超出了差不多21磅、6磅和4磅。

NTSB认为,如果FAA在批准中西航空公司重量与平衡大纲之前做过调查,很可能发现其重量与平衡控制指南中的平均重量是有缺陷的,也就是说,AC120-27C中提出的平均重量是不正确的。

NTSB认为,对乘客和行李重量进行定期抽查,能够确定公司的平均重量大纲是否能准确反映出乘客与行李的载荷情况。在尚未制定并实施实际重量大纲之前,FAA应当制定一个重量与平衡大纲,要求121部承运人定期抽查乘客和行李重量,并确定其合适的重量统计分布特性。而FAA也应当定期审查承运人的重量与平衡数据,以保证飞机重量与重心不超出制造厂审定的限制范围。

通过对5481航班事故的全面调查与分析,NTSB认为,这次事故的可能原因是升降舵控制系统的错误调整,导致飞机在起飞阶段俯仰控制丢失,而飞机重心位置后移至远远超过审定限制位置,进一步加剧了俯仰控制丢失的后果。

此次事故原因的影响因素是多方面的,主要有:① 中西航空公司对HTS维修站的维修业务缺少监督；②航空公司的维修程序和文件资料有缺陷；③航空公司的重量与平衡大纲有缺陷；④RALLC 公司的质保检查员未能发现升降舵控制系统被错误调整；⑤FAA 在其重量与平衡大纲指南中提出的平均重量不正确；⑥FAA 缺乏对中西航空公司维修方案和重量与平衡大纲的监督。

4. 维修差错分析

如上分析，此次事故是因为出现了升降舵控制系统错误调整这个维修差错，导致飞机在起飞阶段俯仰控制丢失，因此说这是一起维修差错引起的事故。下面着重对维修差错加以分析。

1）对机械员的岗位培训与监督有重大缺失

1 月 6 日晚上对失事飞机进行 D6 维修检查的两名机械员都是 SMART 公司指派的，在 HTS 维修站工作不到 8 周，而且都没有接受过有关 D6 维修检查培训。其中一名据说曾在 DHC-8 飞机上干过控制系统的调整，于是就被指定负责升降舵控制钢索的检查。RALLC 公司指派的质保检查员曾表示，他没必要密切监督机械员们的工作，因为负责钢索检查的那名机械员曾有过控制系统调整的经历。

虽然该机械员有过此方面的经历，但是他从来没有在 Beech 1900D 飞机上进行过这项工作，既然被指定负责此项工作，他就需要更多的培训和监督。关于这一点，质保检查员应当有此先见之明，对他提供更多、更详细的培训，并给予密切监督。譬如，向机械员说明升降舵控制系统的各个构件，解释调整程序的各个步骤，演示关键步骤，强调所有步骤都要完成，并在其检测升降舵控制钢索拉力并进行调整时，给予密切观察与监督。

然而，质保检查员却反其道而行之，对机械员既没有认真培训，也没有密切监督。该机械员事后说，质保检查员曾与他讨论了钢索拉力偏小的问题，需要调整拉力，并讨论了哪些工序可以跳过不做，然后就离开了，留下机械员独自进行钢索拉力的检查与调整，直到工作完成他才回来。质保检查员后来也确认了这些说法。

由此，NTSB 指出，正因为 RALLC 的质保检查员没有对 SMART 的机械员提供充分的培训和监督，促使机械员犯了严重的维修差错，导致升降舵控制系统错误调整，引起升降舵向下运动行程受限。

2）跳过了程序规定的有关工序

如前所述，Beech 1900D 升降舵控制系统调整程序（27-30-02 节）不是只包含调整钢索拉力这么一项孤立的任务。但是，该机械员却只单独调整各钢索拉力，没有按照整个调整程序一步一步地去做，质保检查员也知道该机械员是有选择性地执行调整程序中的有关步骤。在事后访谈中他说，他认为制造厂并未要求执行全部调整程序，而且以前对钢索拉力的调整也都是这么做的。

在 Beech 1900D 升降舵控制系统调整程序中，有 9 项有关的步骤被机械员跳过去了。其中有一项（步骤 u）要求：对于配备 F-1000 FDR 的飞机，俯仰位置电位计需要校正。由于该事故飞机安装的正好是这种 FDR，所以机械员需要执行这一步骤。要校正俯仰位置电位计，就必须执行 Beech 1900D 维修手册中另外一节规定的 FDR 俯仰调整程序。该程序要求参照一个数据表，其中规定了 8 个不同的升降舵调定值，范围从 14°下俯到 20°上仰（包括 0°），并对应这些调定值，分别记录下 FDR 的读数。不过，如果机械员执行了该程序，他就会发现，升降舵移动不到第一个调定值 14°下俯，因为升降舵由于他的错误调整被限制在了大约7°机头下俯的位置,这也许能提醒他们发现升降舵控制系统调整不当的问题。

然而,机械员跳过了步骤u,他解释说,他认为没有必要对电位计进行校正。而更可笑的是,质保检查员之所以同意跳过这一步骤,是因为他竟然认为失事飞机上没有安装FDR。按说质保检查员应当认为该失事飞机上安装了FDR。因为,就算不是全部,大多数Beech 1900D飞机上都装配了FDR。退一步说,即使真的不知道,对一个专业检查员来说,也不难确定飞机安装了FDR,因为FDR的线路和传感器就位于他们执行维修任务的相同区域,且FDR就安装在前货舱,很容易看到,另外,驾驶舱内还有FDR跳开关。

121部367条规定,维修工作按照承运人维修手册执行。也就是说,维修人员应当执行所有程序步骤,除非获得授权。公司规定,对于程序步骤一次性或短期改动,需要相关经理或工程师决定;对于长期改动,则必须遵循373(a)"持续分析和监督"的要求。也就是说,SMART的机械员和RALLC的质保检查员都没有权力决定是否可以跳过手册规定的有关程序步骤。

NTSB指出,RALLC的质保检查员和SMART的机械员没有严格遵守书面规定的升降舵控制系统调整程序,跳过了9项程序步骤,其中有一项是关键步骤,即步骤u。

3) 缺乏有效的维修后检查

机械员表示,在完成钢索拉力调整之后,他在驾驶舱进行过操作检查。他让升降舵全程运行了几次,然后查看钢索拉力是否有改变。但是他说,在进行操作检查时,没有人在飞机尾部观察升降舵运动行程。

质保检查员说,在装配销插入前操作摇臂的情况下,他看到升降舵处在行程测量板的中立位。他还说,在装配销拔出后,而行程测量板还固定在升降舵上时,他握住升降舵,并使其在可达到的行程内全程移动。他认为,在前操作摇臂装配销取下后,升降舵能够上、下全程偏转,并说,升降舵的运动行程在限制范围之内。可是,根据NTSB的调查,包括模拟试验、地面试验,以及FDR数据都表明,升降舵在错误调整后其运动行程不可能在Beech 1900D航空器维修手册27-30-02节规定的限制范围内。质保检查员和机械员进行的所谓维修后检查不是有效检查,因此不可能得到真实的结果,无法检查出升降舵控制系统的调整错误。

真正有效的维修后检查应当是功能检查。如果在维修任务结束之后进行功能检查,那么质保检查员和机械员还有机会发现升降舵的调整错误的。功能检查是一种更全面、更系统且更直接的检查方法,使用这种方法,任何调整错误都能在飞机返回使用前被检测出来。这种功能检查需要两名机务人员合作完成。其中一人在驾驶舱向前推动操纵杆至最大位置,然后再向后拉动操纵杆至最大位置。另一人在飞机尾部,眼睛与水平安定面保持在一个水平面上,用行程测量板测量升降舵的真实位置。通过这一过程,确定升降舵在操纵杆全程向前和向后运动时是否能够正常地上、下偏转。

NTSB认为,对于关键的飞行系统及其部件,在完成维修任务之后,应当进行全面的功能检查,以保证维修后飞机运行安全。

4) 必检项目的维修与检查存在缺陷

按照中西航空公司的维修程序手册规定,升降舵控制系统的调整是必检项目,这就意味着在该系统上所进行的维修工作在飞机返回使用之前必须经过检查验收,因为如果必检项目的维修任务完成不当,则会引起有关系统或部件的故障、缺陷或失效,这些都会直接危及飞机的安全运营。为此,在必检项目的维修任务完成之后,必须由另一名有资格的机务人员独立进行检查验收。121 部 371(c)规定,凡是完成了必检项目维修任务的机务人员,不得进行相关检查验收工作。

然而,在 2003 年 1 月 6 日 HTS 维修站的非日常项目维修记录中关于飞机升降舵钢索拉力偏低的"偏差栏"内,除必检项目章外,还有质保检查员的章。为此,NTSB 认为,该质保检查员在 1 月 6 日晚上曾对执行 D6 维修检查的机械员进行了岗位培训,而且亲自与机械员商定任务执行步骤,最后还由他对此项任务进行必要的检查验收,这实际上失去了对必检项目进行独立检查的作用。因此该检查不是名副其实的、独立的、用"第二双眼睛"进行的检查,因而不能保证飞机在返回使用前检测出并纠正任何维修差错。

5. 安全建议

按照这次事故调查结果,NTSB 向 FAA 提出了以下安全建议。

(1) 对于 121 部航空承运人的维修业务,FAA 应当制定一套程序,进行有针对性的持续监督与检查,以保证维修指导文件得以贯彻执行,并保证如果没有按照航空承运人维修方案给予授权,所有维修人员(包括但不限于管理、质保、工装、培训及机务人员)都要一丝不苟地执行指导文件规定的所有程序步骤。(A-04-4)

(2) FAA 应当检查 121 部航空承运人在其 CASS 大纲中是否有按照承运人维修方案制定的发现缺陷并加以更改的程序,并检查这些航空承运人的维修人员(包括但不限于管理、质保、工装、培训及机务人员)是否执行了这些程序。(A-04-5)

(3) FAA 应当修改 23 部附录 G、25 部附录 H,以及 121 部第 369 条,以便要求在持续适航指导文件和航空承运人维修手册的指导文件中分别纳入这样的条款:对于每一个关键的飞行系统,在维修后必须进行全面的功能检查。(A-04-6)

(4) FAA 应当要求 121 部航空器的制造厂对于每一个关键的飞行系统制定适当的功能检查程序,明确规定哪些维修程序后要执行这种功能检查,并且如必要,修改其现有的维修手册,以便对于每一个关键飞行系统,在维修手册中都有一套相应的维修后功能检查程序。(A-04-7)

(5) FAA 应当要求 121 部航空承运人必要时修改其现有的维修手册,以便对于每一个关键飞行系统,在维修手册中都有一套相应的维修后功能检查程序。(A-04-8)

(6) FAA 应当明确规定,如果检查人员对执行必检项目维修任务的机务人员提供了该项目任务的岗位培训,那么在该项目的维修任务完成之后,就不允许其对该项目进行维修后检查。(A-04-9)

(7) FAA 应当要求 121 部航空承运人,如果将其必检项目的维修和检查任务外包出去,那么在执行重大的必检项目计划、任务安排、维修作业和检查时,航空承运人的人员必须亲自在现场。如果不能亲自到场,也要有所准备,以便做到随叫随到,从而保证外包商在执行必检项目的维修任务及进行检查时,所使用的工艺方法和程序与航空承运人自己的维修人员所使用的一样。(A-04-10)

(8) 对于单靠岗位培训作为维修培训方法的 121 部航空承运人,FAA 应当制定详细的岗位培训要求,这些要求应当包括但不限于:为成功实施并管理这种培训所采用的最佳做法、程序和方法。(A-04-11)

（9）对于当前从事中西航空公司飞机维修业务的机务人员，FAA应当审查其培训记录，以便核实其培训是否按照公司的维修程序手册和维修培训手册正确完成。（A-04-12）

（10）FAA应当要求121部航空承运人和航空器制造厂，按照程序审查关键飞行系统的所有工卡和维修手册指导文件，并保证这些指导文件的准确性和可使用性，以便适合于从事该维修作业的机务人员的培训水平。（A-04-13）

（11）FAA应当把AC120-16D"持续适航维修大纲"和AC120-79"持续分析监督系统的建立与实施"中的持续分析与监督系统指南纳入FAA指令8300.10"适航监察员手册"。（A-04-14）

（12）FAA应当要求所有121部航空承运人的维修培训大纲都必须经过批准。（A-04-15）

（13）FAA应当要求121部航空承运人必须全面实施人为因素大纲，以减少航空维修中可能的人为差错。（A-04-16）

（14）在重量与平衡计算时，FAA应当明确规定哪些情况必须使用实际重量计算法，而不使用平均重量计算法，并将此规定纳入AC120-27"飞机重量与平衡控制"。（A-04-17）

（15）在实际重量大纲尚未制定和实施前，FAA应当制定一套重量与平衡程序，要求121部航空承运人定期抽样检查乘客和行李的重量，并按照区域、季节、人数、航空器，以及航线的不同情况，确定适当的重量统计分别特性。（A-04-18）

（16）FAA应当制定一套程序，定期审查121部承运人的重量与平衡数据，以保证承运人的区域、季节、人数、航空器，以及航线等统计趋势是有效的。（A-04-19）

（17）FAA应当要求121部承运人不仅保留所有调查统计数据和资料，还要保留用来验证其平均重量大纲的分析法方面的证明资料，并且必要时对这些数据资料进行审计。（A-04-20）

（18）FAA应当要求使用平均重量与平衡大纲制定并实施重量与重心安全裕度的121部承运人要考虑每个乘客和行李之间的差异。（A-04-21）

（19）FAA应当开展或资助研究，以开发能够在飞机签派前提供实际重量与平衡数据的系统。该系统应当迅速提供准确而可靠的重量与平衡数据。（A-04-22）

（20）FAA应当鼓励优先选用提供准确重量与平衡数据的系统，而不选用平均重量与平衡大纲。（A-04-23）

（21）FAA应当要求雷神飞机公司对其Beech 1900、1900C和1900D飞机维修手册中有关关键飞行系统的维修程序予以修订，以保证这些程序都能全面而正确地贯彻实施。（A-04-24）

太阳神航空公司 HCY522 航班空难

2005年8月14日,由塞浦路斯太阳神航空公司(Helios)运营的一架波音737-300飞机执行HCY522航班任务,在距离雅典机场西北部33km处坠毁,机上115名乘客和6名机组成员全部罹难。

1. 事故叙述

2005年8月14日,这架由塞浦路斯太阳神航空公司运营的、登记号为5B-DBY的波音737-300客机执行HCY522航班任务,从塞浦路斯的拉尔那卡(Larnaca)机场起飞,经停希腊首都雅典,飞往捷克首都布拉格。飞机于6点07分起飞,6点11分21秒,机组在LOSOS报告点向尼科西亚(Nicosia)区域管制中心(ACC)报告称,飞机爬升过10000英尺,正向20000英尺爬升。6点11分35秒,尼科西亚ACC予以确认并询问机组所请求的最终巡航高度,机长请求巡航高度为34000英尺。6点11分45秒,HCY522航班收到爬升至飞行高度层340的许可,并开始朝RDS(Rodos)甚高频全向信标(VOR)台飞行。机长对该许可做出确认,而这却是机组和尼科西亚ACC的最后通信记录。

6点12分,尼科西亚ACC联系雅典ACC的飞行计划管制员,报告该航班飞行数据:高度34000英尺,预计约6点37分到达位于雅典和尼科西亚之间的报告点EVENO。飞行计划管制员将这些数据与早些时间经由"航空固定通信网(AFTN)收到的该航班数据进行了核实。

根据飞行数据记录器(FDR)6点12分38秒的记录,飞机高度在12040英尺继续爬升时,发出客舱高度音响报警。6点14分11秒,高度15966英尺,机长以公司无线电频率131.2MHz联系过公司运行中心。据运行签派员讲,机长报告"出现起飞构型报警"和"冷却设备正常,但指示灯熄灭",签派员请求公司地面值班工程师直接和机长通话。

事故发生后,按照技术经理的指示,该地面工程师立即将与机长的对话写出书面陈述。陈述表明,机长报告了"通风冷却风扇灯熄灭"。由于信息不够清楚,地面工程师要求他重复一遍,然后机长回复"冷却风扇电路跳开关在哪儿?"地面工程师回答"在机长座椅后面"。

2005年8月19日,该地面工程师向塞浦路斯警察局做了陈述。根据陈述,机长当时报告"我这边的两个设备冷却灯都灭了"。地面工程师回答"这是正常情况",并要求机长确认是否有别的问题,因为系统正常运行时,灯通常会熄灭,这不是问题。机长回答"我并没有把灯关掉"。鉴于机长给地面工程师的信息没有意义以及压力控制面板就在近旁,且地面工程师在飞行前曾使用过压力控制面板,其上有4个指示灯,所以地面工程师要求机长"确认压力控制系统开关是否在'自动(AUTO)'模式上",机长却问"设备冷却电路断路器在哪儿?",地面工程师回答"在机长座椅后面"。

在飞行机组和公司运行中心通信期间,客舱内乘客氧气面罩脱落,其设计是在客舱高度超过14000英尺时启用。客舱压力控制器的非易失性存储器(NVM)数据显示,氧气面罩是在 6 点 14 分,当飞行高度达到约 18000 英尺时脱落的。

根据 FDR 记录,机长用麦克风和地面工程师的通话结束于 6 点 20 分 21 秒,当时 HCY522 航班正穿越 28900 英尺高度。稍后,公司签派员再次呼叫,但机组没有回应。

飞机于 6 点 23 分 32 秒在 34000 英尺改为平飞。签派员于 6 点 29 分呼叫尼科西亚 ACC,要求空管联络 HCY522 航班。

从 6 点 30 分 40 秒到 6 点 35 分 49 秒,尼科西亚 ACC 呼叫 HCY522 航班无任何回应。

6 点 36 分,就在飞机进入雅典飞行情报区(FIR)之前一分钟,雅典 ACC 雷达显示的雷达踪迹和对应标记的颜色自动从绿变为橙红色,表明飞行航迹和飞行计划是相吻合的。

6 点 36 分 12 秒,尼科西亚 ACC 联络雅典 ACC 管制员,报告了 HCY522 航班信息:飞机已飞过 EVENO 报告点,将要进入雅典 FIR,但是没有通信回应。尼科西亚 ACC 要求:"如果有呼叫你方,请通知我们"。

6 点 37 分 27 秒,航班进入雅典 FIR,大约位于 EVENO 南 10 海里处,但没有呼叫雅典 ACC。该航班按照其飞行计划路线,继续在 34000 英尺高度朝雅典方向飞行。

尼科西亚 ACC 在 6 点 39 分 30 秒用紧急频率发出进一步无线电呼叫,但 HCY522 航班仍无回应。6 点 40 分 15 秒,尼科西亚 ACC 呼叫雅典管制员问"太阳神呼叫你们了吗?",后者回答"还没有"。

7 点 12 分 05 秒,因该航班计划经停雅典,为下达下降指令,雅典 ACC 雷达管制员再次呼叫 HCY522 航班,但是航班仍无回应。管制员进一步尝试以紧急频率呼叫并让其他飞机帮助呼叫。

7 点 12 分 32 秒,雅典管制员呼叫雅典进近控制员,并通知他们用无线电联系不上 HCY522 航班。从 7 点 12 分 38 秒到 7 点 12 分 50 秒,雅典 ACC 雷达管制员用频率 124.475MHz 呼叫 HCY522 航班三次。

7 点 12 分 48 秒,航班飞过报告点 PIPLI,飞向 VARIX 报告点。在 7 点 13 分 04 秒到 7 点 14 分 36 秒之间,雅典 ACC 雷达管制员以紧急频率连续呼叫航班 11 次,从 7 点 12 分 52 秒到 7 点 49 分 18 秒,又以紧急频率 121.5MHz 呼叫 5 次,HCY522 航班均无回应。另一架飞机也用常用频率和紧急频率呼叫 HCY522 航班无果。

7 点 15 分 19 秒,HCY522 航班飞过报告点 VARIX,随后飞向 KEA VOR 台。

7 点 16 分,雅典 ACC 雷达管制员将情况通知管制总监,总监通知了雅典进近管制、塔台和希腊空军。

7 点 20 分 59 秒,HCY522 航班飞过 KEY VOR 台,似乎有迹象要采用仪表进近程序在雅典国际机场 03L 跑道降落,但却仍保持在 34000 英尺高度。7 点 29 分,HCY522 航班飞越雅典国际机场,高度仍在 34000 英尺,按照 03L 跑道复飞程序右转飞向 KEA VOR 台。

7 点 53 分 50 秒,雅典 ACC 向联合援救协调中心(JRCC)宣布 HCY 航班进入告警阶段。

8 点 23 分 51 秒,在第 6 次盘旋等待航线飞行期间,HCY522 航班被两架希腊空军 F-16 战斗机拦截,在 34000 英尺保持伴飞状态,其间 F-16 贴近航班进行目视观察。其中一架 F-16 的飞行员试图用规定的拦截信号、紧急呼叫和雅典 ACC 通信频率联系和吸引航班机组注意,但未成功。F-16 飞行员环绕航班机动飞行,以便从驾驶舱和客舱左、右侧近距观察和判明无线电通信失效的原因,未观察到飞机外部结构损坏和有烟、火的迹象。

8点32分,F-16飞行员报告,HCY522航班机长座位是空的,副驾驶座位上有一个人趴倒在驾驶盘上。客舱左侧两名乘客均戴着氧气面罩,一动不动地坐在座椅上。一些氧气面罩掉下,在乘客头上悬荡。客舱里是黑的,但借助从另一侧机窗射进的光线可以隐约看见软管和面罩。从飞机右侧还可以看到一位乘客戴着面罩一动不动地坐着。

8点34分,雅典ACC向JRCC宣布飞机进入遇险阶段。

8点48分31秒,驾驶舱话音记录器(CVR)记录到两声鸣响。8点48分51秒,又记录到另两声鸣响。20s后,又记录到了持续20s的鸣响。几秒钟后,记录到咔哒声,类似开驾驶舱门的声音,还有类似驾驶舱内动作的声音,像是调节座椅,或取出氧气面罩和戴面罩时气流的声音。

大约到8点49分,在第10次盘旋等待航线飞行期间,F-16驾驶员看见一个人走进驾驶舱并坐到机长座位上。他戴上耳机,像是将手放在他面前的控制面板上。

根据FDR记录,8点49分50秒,飞机左发熄火。此时,F-16飞行员观察到好像是燃油从左发流出,飞机急剧左倾,机头朝北。坐在机长位子上的人没有注意到F-16驾驶员吸引他注意力的动作。HCY522航班开始朝西北方向下降,两架F-16在一定距离跟随着航班。

当F-16飞行员再次贴近航班观察时,发现坐在副驾驶座位上的人没有戴氧气面罩,向后仰靠着,一动不动。

8点54分18秒,CVR记录有"MAYDAY,太阳神航空公司522航班,雅典……"的呼救声音,几秒钟后,又记录下很微弱的呼叫——"MAYDAY"。

当航班下降到大约7000英尺时,机长座位上的人似乎第一次意识到F-16在近旁而做了个手势。F-16飞行员以手势回应,示意对方跟随他朝机场下降。对方只是向下看了一下,但并未跟随F-16飞行。

8点59分20秒,航班改向西南飞行,高度继续下降。8点59分47秒,根据FDR记录,右发在高空7084英尺熄火。

此时,飞机继续急剧下降,并在9点03分32秒撞击到格莱马提克(Grammatiko)村附近连绵起伏的山坡上起火,距雅典国际机场大约33km。当时,机尾首先触地,机身翻滚了500m后停下,除了机尾及驾驶舱尚保持完整外,其余已成碎片。机上一共121人,其中机组人员6人,乘客115人,全部罹难。地面无人员伤亡。

2. 事故调查

事故调查工作由希腊交通运输部航空事故调查和航空安全委员会(AAIASB)负责。

1) 残骸检查

飞机残骸沿着山坡从西向东分布,直线距离有约800m。调查组对飞机残骸进行了识别、拍照和记录,其中飞机系统部件包括:驾驶舱头顶P5面板、P5空调面板、客舱增压面板、客舱压力控制器、前外流活门、后外流活门、空气系统部件、驾驶舱氧气气缸、飞行机组氧气面罩和便携式氧气瓶。

P5-5客舱增压面板被找到时状态完好,仍位于P5头顶面板上,其上的压力模式选择器旋钮位于"人工(MAN)"位。整个客舱增压面板被送往波音公司做进一步测试、检查。

飞机有两个客舱压力控制器,均被拆下送往位于德国法兰克福的原设备制造厂 Nord–Micro 公司,以便对 NVM 数据进行下载。

调查组还对发动机、起落架、舱门等进行了检查,没有发现存在事发前的故障、失效或损伤。

2)维修情况调查

(1)发生于 2004 年 12 月 16 日的失压情况。调查人员查看事故飞机的技术日志,发现该机曾于 2004 年 12 月 19 日进行过非计划维修,目的是检查 12 月 16 日发生的快速失压情况的原因,是由一名经 ATC 拉斯汉(ATC Lasham)公司授权的地面工程师在拉尔那卡机场实施的。值得注意的是,该事故飞机当时刚于 2004 年 12 月 10 日完成了 C 检,12 月 16 日的这次失压事件发生在 C 检后不到 8 个飞行小时和 7 个起落之后。

针对飞机技术日志(第 650 页)中飞行员记录的"快速失压,下降到 10000 英尺,氧气面罩脱落"的情况,地面工程师完成了相应工作,包括:"按维修手册(MM)中的调节和测试程序调节右后客舱门"。当天,维护管理部门还要求更换 2 号客舱压力控制器。最后,还根据飞机维护手册(AMM)相关程序进行了客舱压力泄漏检查和外流活门操作测试,没有发现异常。

2004 年 12 月 19 日,这架飞机调机到 ATC 拉斯汉公司,重新更换脱落的客舱旅客氧气面罩和用过的氧气发生器,其间没有发现重大问题。2004 年 12 月 22 日,这架飞机返回拉尔那卡机场,重新投入航班运营。

对此次失压情况的原因,塞浦路斯航空事故和事故征候调查委员会(AAIIB)未能做出最后结论,但指出了两个可能性:①电器故障引起外流活门开启;②手柄没有在关闭位置,致使后客舱门无意中开启。此外,AAIIB 在报告中指出:"他们还发现了公司存在很多与规定不一致之处和缺失",但没有详细列出这些不一致和缺失。

(2)发生于 2005 年 8 月 13 日的后客舱门问题。2005 年 8 月 14 日(事发当天)的凌晨 1 点 25 分,该事故飞机自伦敦飞抵塞浦路斯拉尔那卡机场。在从伦敦飞往拉尔那卡的航班上,客舱机组人员在客舱日志中写道,"后客舱门(右侧)周围密封条冻结,而且在飞行期间可以听到刺耳的'砰、砰'声"。飞行机组人员将这些陈述转移到飞机技术日志中,另外又写道,"后客舱门需要全面检查"。1 号地面工程师(即前面提到的那位与机长通话的地面工程师)审查了技术日志中的整个内容,然后他决定,需要对后客舱门进行目视检查及客舱增压泄漏检查。

他意识到,他需要有人帮助才能完成泄漏检查。因此,他要求 2 号地面工程师协助他做"压力增减测试",另一家公司的工程师(3 号地面工程师)作为安全人员,在飞机外部协助查听测试期间飞机是否有漏气的声音。3 号地面工程师只被授权对 B737–800 机型进行维护,他服务的航班还未到达,他当时正在等飞机。

据 1 号地面工程师说,在对飞机执行维修任务之前,他先从公司计算机中打印出了一份他所执行任务的 AMM 程序,以便按照此程序执行压力泄漏检查。他说,他没有带秒表(或其他设备)到飞机上,因为他认为"进行增压测试不需要秒表这类的设备。"

1 号地面工程师先从内部对右后门(R2 门)进行了仔细的目视检查,然后又使用餐饮卡车从外部接近该舱门,进行外部的仔细观察。门被反复打开和关闭了几次,但操作起来都正常,并没有发现缺陷。

为进行客舱加压测试，2号地面工程师留在飞机后部的R2门处，而1号地面工程师去了飞机驾驶舱。他使用辅助动力装置（APU）和两个空调系统给飞机加压。他说，他"将压力控制器放到了'人工'位并选择了完全关闭"，"空调放气活门在压力达到大约2psi时关闭"。两个空调组件一次选定在"自动"位，一次选定在"高流量"位，观察发现其工作均正常。在大约5psi时，2号地面工程师感到气压造成耳朵有些疼痛，他走到驾驶舱，要求1号地面工程师放慢加压的速度。然后2号地面工程师返回客舱尾部，再查听泄漏的声音。其间他通过飞机内话系统与1号地面工程师保持联系。当2号地面工程师通过内话系统表示就按照现在这个速度增压后，1号地面工程师将客舱压力差增加到8.25psi，此时安全阀开始运行。当时，1号地面工程师离开了飞机驾驶舱，来到客舱后部，与2号地面工程师一起从飞机内部倾听右后客舱门是否有漏气的声音。当他满意地看到一切正常时，他才回到飞机驾驶舱。这个8.25psi的压力差保持了约5min。然后1号地面工程师开始给飞机减压。

减压过程中，当压力差为大约5psi时，两个空调系统都设置为"关闭"。在压力差为大约4.5psi时，高度下降速率3,500英尺/分钟，空调选择为"开启"以减缓减压速率（由于早些时候2号地面工程师因压力变化过快出现了耳朵疼的问题）。据1号地面工程师说，当时飞机减压至压力差约0.5psi后，他将增压模式开关选择在了"自动"位，并且"随着客舱的垂直速度指示器（VSI）开始下降，打开了直视（DV）窗——驾驶舱侧窗"。之后，2号地面工程师打开了舱门，3号地面工程师去接已抵达的737-800型飞机去了。1号地面工程师仍呆在驾驶舱里，通过"按压氧气压力测试按钮和进行音频测试"的方式，对飞行机组人员氧气面罩进行原位功能测试（即测试时设备不离开它们的存放位置）。AMM程序/任务要求，当进行"客舱压力泄漏测试"时，如果绝对压力超过20psi，就要对氧气面罩进行测试。1号地面工程师表示，他们在进行客舱泄漏试验时，飞机的压力有可能达到约23psi。

完成检查后，2号地面工程师在飞机外面等待1号地面工程师，然后，他们驱车返回办公室。在那里，根据1号地面工程师的说法，他"查找了计算机中的维修手册，以确认安全阀的操作限制条件"。然后，他在飞机技术日志中记录了维修操作内容，包括：日常检查，飞机驾驶舱门密封闩检查，快速存取记录器（QAR）记忆卡更换，以及客舱压力泄漏测试。针对客舱压力泄漏测试情况，1号地面工程师写道："门和门区检查未发现缺陷。进行了压力运行测试，测试时达到最大压差。安全阀在压力差达到8.25psi时开启。按照 MM 21-32-725-001 节进行测试，未发现泄漏或异常噪声"。

根据技术日志的记载，日常检查于2点30分完成并签字；其余测试于3点15分完成并签字。接下来，该机便在执行HCY522航班时失事了。

3. 事故分析

经过波音公司对压力模式选择器旋钮的检查、鉴定，以及调查人员的分析，AAIASB认为，增压模式选择开关在航班前的增压泄漏检查时曾被转到"人工"位，但是在检查后并没有像1号地面工程师所说的那样放回到"自动"位，而是仍然保留在"人工"位上。飞行机组在执行飞行前程序、起飞前检查和起飞后检查过程中，均未意识到或觉察到客舱增压模式选择开关处于"人工"位，因此未能纠正该位置错误。

飞机爬升到大约12000英尺高度时，客舱高度警告响起。如果飞行机组知道是客舱高度警告的话,按程序飞机就会中止爬升,但是从 FDR 记录的飞行机组的操作输入来看,机组把该警告当成了起飞构型警告,因为这两个警告声一样。公司签派员报告说,当时飞行机组曾联系过他,他也提到了起飞构型警告。如果飞行机组意识到这是客舱高度警告的话,按照运营人标准操作程序,他们应当立即戴上氧气面罩。

调查人员认为,飞行机组混淆了这两个警告,而这种类似情况在全世界都有发生。AAIASB 认为,大多数飞行员在职业生涯中很少遇到客舱增压问题,因此也就很少听到客舱增压警告。更何况事故航班当时正好处于起飞爬升阶段,警告声响起,飞行员自然会认为是起飞构型警告,而不会想到是客舱增压警告。

根据 FDR 数据,飞机在 17000 英尺高度时"主提示"灯亮,且持续了 53s。有两个情况会导致"主提示"灯亮,其一是设备冷却低流量探测器探测到空气密度降低时,头顶面板上设备冷却灯会亮起;其二是客舱氧气面罩脱落时,头顶面板较后部的旅客氧气指示灯会亮起。

由于签派员解释不了发生的情况,他叫来了执行航前增压泄漏检查的 1 号工程师。但是 1 号工程师不知道刚刚出现过警告声,只听机长说设备冷却灯灭(the Equipment Cooling lights were off),他觉得这是正常情况,认为这话说得没有意义。AAIASB 认为,机长实际是想说指示设备冷却风扇故障的灯亮(the Equipment Cooling fan OFF indications were illuminated)。在机长询问了跳开关的位置后,1 号工程师请机长确认增压模式选择器是否在"自动"位。AAIASB 认为,1 号工程师可能是怀疑自己没把选择器放回到"自动"位。

由于警告一直不能消除,驾驶舱负荷增加,飞行机组始终没有注意到头顶面板上出现的客舱氧气面罩脱落指示。

FDR 数据显示,在飞机到达 28900 英尺高度时,即机长与地面首次联系 6min 后,2 号甚高频(VHF)无线电有按键输入,这是 HCY522 航班最后一个动作。之后,飞行机组便因缺氧失去了能力。AAIASB 推测,机长可能为了检查座位后空调装置是否有问题而离开了座位,因缺氧而晕倒,所以 F-16 飞行员看到机长座位是空的。

由于对客舱机组的行为没有记录,AAIASB 认为,客舱机组在看到氧气面罩脱落后,应当按照公司的客舱机组规定,就近戴好氧气面罩。但是 AAIASB 不能确定,他们是否遵守了规定。另外,调查人员认为,根据程序,客舱机组应当认为飞机将要下降高度,或者至少改平。但是调查人员不能确定客舱机组是否了解此程序,还是因为缺氧导致失去能力,反正在看到飞机没有停止爬升后,客舱机组并没有联系飞行机组。

AAIASB 评估了客舱机组在飞机继续爬升且没有来自驾驶舱的广播的情况下可能做出的反应。由于运营人没有这种紧急情况下的程序,调查组认为,客舱机组很难确定到底需要等多久就应当与飞行机组联系,这种情况导致时间一分一秒地流逝,而氧气面罩只支持约 12min 供氧(因为这个设计只是用来在像高空失压的情况下短暂使用的,飞机要尽快下降至高含氧量高度),因此缺氧情况就越来越严重。

调查组发现了一个实际情况,即客舱机组本不打算进入驾驶舱,直到航班起飞 2h 后,情况变得极其不正常为止。CRV 记录显示,进入驾驶舱的是一名客舱机组,他使用了紧急进入编码打开了上锁的驾驶舱门。

综上分析,AAIASB 认为,由于客舱增压开关没有放在"自动"位,飞行员未有察觉。

当飞机爬升超过15000英尺后,因机上的增压系统处于手动模式而未能自动为客舱增压,导致空气稀薄,氧气不足。正常情况下,若飞机高空失压,飞行机组应该降低高度至含氧量高的空域,但由于机长及副驾驶均不知道客舱失压,舱内极度缺氧,机组人员很快便失去意识和能力,导致飞机成"无人驾驶"状态,以自动驾驶模式巡航平飞。

在客舱内,由于缺氧,客舱顶部的氧气面罩会自动掉下,因此乘客都自动戴上了氧气罩。可是由于机长和副驾驶当时已昏迷,飞机并没有下降反而继续爬升,而氧气面罩内的氧气只够支持约12min,当氧气面罩内氧气用完后,大部份人因缺氧失去意识,陷入昏睡状态。因此F-16飞行员看见客舱内的所有乘客都毫无反应,驾驶舱也只能看见副驾驶,看不见机长。由于飞机在希腊境内没有飞行员控制进场,因此只得依靠自动驾驶模式留在空中盘旋待命。

F-16飞机飞行员看到的后来坐在机长座位上试图挽救飞机的那名男子,AAIASB推测是一名懂得驾驶飞机的男乘务员,他靠紧急备用氧气瓶(能支持1h)供氧,并曾以极微弱的声音求救,但因缺氧不久也倒在座椅上。最后飞机因燃料耗尽而坠毁。

另外,事故飞机的机长是一名德国驾驶员,是太阳神航空公司因当时假期客运量增长的需求而聘请的特约机长。该名机长可能因语言沟通问题,而未能听得懂地面签派员和地面工程师的指示,也许是因为当时飞机缺氧,影响了机长的判断力及集中力。无论如何,自始至终该名机长都一直以为是设备冷却系统故障,而没有意识到增压系统开关没有放到正确的"自动"位上。最终令机组人员和客舱乘客失去行为能力,无法及时阻止事故发生,并导致了希腊史上最严重的空难。

4. 维修差错分析

太阳神航空公司的维修业务外包给了一家名为ATC拉斯汉的公司。该公司是英国民航局批准的145部维修单位,基地位于英国拉斯汉机场。

按照太阳神航空公司的运营人维修管理说明(MME),要完成公司在拉尔那卡机场的维修活动,需要四名持照工程师和四名机械员,以及一些维修管理人员。这些人员都必须完成初始培训,以熟悉运营人的政策、程序、法律责任及相关法律要求。后续培训一般每两年一次。其中,所有持照工程师都必须满足ATC拉斯汉公司的授权要求,由该公司授权,授权时间与执照期限一致。

根据太阳神航空公司技术部门的人力资源计划文件中的记录,一线维修人员(一般是四、五名持照工程师和两、三名机械员)变动频繁,有80%的岗位在16个月内有三次变动。到事发当天为止,在太阳神航空公司工作时间最长的员工的工作时间为21个月,最短的只有三天,而且这两名员工都是持照工程师,在文件中都被标为"长期工"。此外,还有些持照工程师属于"合同工",他们是其他公司的员工,通过公司之间签订合同,被派到太阳神航空公司工作。

从2003年11月到2005年8月期间,共有13名持照工程师到太阳神航空公司工作,之后又都陆续离开了。AAIASB认为,太阳神航空公司维修人员变动率太高,这既不利于保持工作的连续性和在员工之间建立合作关系,也不利于维修部门管理和解决维修中的实际问题。

拉尔那卡机场的人力资源问题也在ATC拉斯汉公司于2005年4月6日的审计中被提了出来,认为持照工程师的数量不能满足145部的要求。公司当时的整改措施是今后只雇用相关机型的持照工程师,不再雇用其他人员。

于 2005 年 8 月 14 日凌晨执行 HCY522 航班航前准备任务的那名 1 号持照工程师是一家名为 TAC Europe 公司的员工。他是按照 TAC Europe 与 ATC 拉斯汉之间签订的合同,经 ATC 拉斯汉公司授权,到拉尔那卡机场工作的。他是个有经验、有能力的工程师,曾受雇于英国皇家空军 7 年,还在两家知名的航空私企中工作过 5 年,可以说,他至少有 12 年在安全文化良好的公司工作的经历。他持有英国民航局颁发的航空器维修执照,并有 200 多个型别等级。但是在太阳神航空公司工作期间,他从未接受过公司 MME 中规定的初始培训和后续培训,而且他说,他压根没听说过这类培训。

太阳神航空公司的原技术经理于 2005 年 1 月辞职,理由是他认为公司有许多缺陷,例如:关键岗位(像质量经理、飞行运行经理等)上的人员有些不具备运营人规定的资格,有些没有管理能力;公司缺乏经营计划,运行颠三倒四。

对太阳神航空公司的审计显示,ATC 拉斯汉公司无法得到太阳神航空公司必需的技术文件和完整的维修记录。AAIASB 查看审计结果后指出,ATC 拉斯汉公司的技术管理员多次按照合同向太阳神航空公司索要完整的维修记录,均未得到。AAIASB 推测,这可能是导致太阳神航空公司原技术经理辞职的原因之一,因为作为一个负责任的人,提交不了完整的维修记录,他认为自己难辞其咎。按照维修协议,公司和员工双方都有责任采取措施解决维修中的问题,如果一方严重不履行责任,另一方自然有权利中止合作,以避免今后不可预料的情况的发生。拉尔那卡机场维修文件方面存在的缺陷表明,太阳神航空公司与 ATC 拉斯汉公司之间对合同义务的合作和理解都不充分。

2004 年英国民航局对该航空公司的维修活动进行过多次审计,有些问题反复出现,始终未改。

针对事故飞机的维修方面,AAIASB 认为,客舱压力控制器的 NVM 芯片记录的故障信息显示,该事故飞机长期存在压力泄漏情况,而且至少在之前的连续 74 个飞行航段都出现过此问题。该故障信息是外流活门的低流量触发的,是由于机体低流量或高泄漏导致的,但问题一直没有得到解决。

2004 年 12 月 16 日,该事故飞机曾在 FL350 高度巡航阶段出现快速失压,AAIIB 记录了这起事故征候,但是未能找到确凿的原因。

另外,从 2005 年 6 月 9 日到 2005 年 8 月 13 日,该事故飞机的技术日志中飞行机组记录了 9 次设备冷却系统的问题。针对每个记录,太阳神航空公司都有相应的维修活动,但是设备冷却系统的问题却一直没有解决,而且在此次事故航班上设备冷却系统问题再次出现。AAIASB 认为,压力泄漏最有可能与长期存在的设备冷却系统问题有关,此方面虽然做了许多维修工作,但是没有从根本上解决问题。

AAIASB 认为,于 2005 年 8 月 14 日凌晨执行 HCY522 航班航前准备任务的那名持照工程师,在完成增压泄漏检查后未将增压模式选择开关放回"自动"位,这不是一个孤立事件,这与太阳神航空公司上述那些表现,像没有公司规定的培训,没有完整的维修记录,技术问题久拖不决,人员变动频繁,都表明太阳神航空公司及其维修部门的管理机制和安全文化中存在组织层面上的安全缺陷。

调查中还判明了一系列其他的安全缺陷,诸如:飞行员训练、正常和应急操作程序,运营人的组织问题;塞浦路斯民航局、欧洲航空安全局(EASA)、欧洲联合航空当局(JAA)和国际民航组织（ICAO）在运行、维修和飞行安全监督方面的组织问题；飞机制造商的维修和飞行操作规范问题；塞浦路斯 AAIIB 处理事故征候信息以便及时采取预防性措施的问题等。

5. 安全建议

AAIASB 提出了以下安全建议。

1）已采取行动的安全建议

（1）针对美国国家运输安全委员会（NTSB）的安全建议。

① 2005 年 8 月 25 日，AAIASB 建议 NTSB，波音应当考虑采取行动，加强对飞行机组人员培训和使之意识到：

（a）起飞后校验引气、空调组件系统状态的重要性；

（b）必须清楚和重视客舱高度报警和起飞构型报警的区别。

响应行动：

2005 年 8 月 25 日，NTSB 回应，波音公司正在准备颁发一个针对波音 737 - 300/400/500/600/700/800/900/BBJ 机型的飞行机组训练手册（FCTM）—2005 年 10 月修订版，增加题为"空气系统/客舱高度报警"的新章节，提醒机组人员如何了解和识别两种不同报警的不同含义，以及在起飞后校验引气和空调组件系统构型的重要性。

② 2005 年 8 月 25 日，AAIASB 建议 NTSB，波音公司应当在飞机维护手册（AMM）中阐明"客舱压力泄漏测试"（05 - 51 - 91）的内容，明确列出完成该项维护检测所需步骤。

响应行动：

2005 年 10 月 12 日，NTSB 回应，波音已于 2005 年 9 月 29 日发布"波音 737 - 300/400/500 AMM 05 - 51 - 91/20 临时修订版"，其中包括在客舱压力泄漏测试后将增压模式选择开关置于"自动"位的专门操作步骤。对波音 737 - 600/700/800/900/BBJ 和波音 737 - 100/200 AMM 也计划统一修订。

③ 2005 年 9 月 13 日，AAIASB 建议 NTSB，波音公司应当考虑修订 AMM 的 05 - 51 - 91，增加与 F 节（将飞机设置回初始状态）相关的补充步骤：按照 AMM 的 35 - 12 - 00 重新安装氧气面罩调节器（如果已拆除的话）。

响应行动：

2006 年 9 月 1 日，美国联邦航空局（FAA）把对该项安全建议的回应告知 NTSB，B - 737 维修审查委员会主席于 2005 年 12 月提请波音公司就 AMM 上的缺失步骤给予考虑；波音公司在 2006 年 1 月 12 日的修订版中对波音 737 - 300/400/500 机型 AMM 做了修订，而且在 AMM 中 05 - 51 - 91 的 2. F 段中增添了步骤 4：将前头顶面板上的增压模式选择开关置于"自动"位，步骤 5：如果机组人员氧气面罩调节器已拆除，则重新安装并测试面罩调节器（AMM 35 - 12 - 86/401）。

④ 2005 年 12 月 23 日，AAIASB 建议 NTSB，波音公司应当考虑改进飞行前检查单的设计，以便更好地区分飞机空调和增压系统情况，更明确地指示飞行机组将增压模式选择器设置于"自动"位。

响应行动：

2005 年 1 月 10 日，NTSB 回应，波音公司正在准备颁发波音 737 - 200/300/400/500/600/700/800/900/BBJ 机型的飞行机组操作手册（FCOM）/快速检查单（QRH），以改进与

B-737客舱高度报警系统有关的机组操作程序。更改包括：修改当前的正常检查单（NC），删除旧的非正常检查单（NNC），增加新的NNC，并更改一些术语。

⑤ 2005年12月23日，AAIASB建议NTSB，波音公司应当重新考虑座舱压力控制系统控制器和显示器的设计，以便当增压模式开关放在"人工"位时能更好地提醒机组注意。

响应行动：

2006年6月30日，波音公司回应称，如果按照AAIASB的建议改变指示器的颜色，则可能会使机组误以为出现了其他失效，从而增加机组额外的操作。

（2）针对塞浦路斯AAIIB的安全建议

2005年10月20日，AAIASB向AAIIB建议，塞浦路斯民航局管辖的所有航空公司应当将客舱机组人员进入驾驶舱的程序和驾驶舱门的使用程序标准化，并将训练要求纳入运行手册。

响应行动：

2005年11月28日，塞浦路斯民航局回应AAIASB，所述程序在太阳神航空公司事故发生之前已纳入塞浦路斯航空运营人手册。在本事故之后，这些运营人已对进入驾驶舱的规定做了必要的修改，但仍在国家和国际的相关规则框架之内。

（3）FAA的行动。2006年6月22日，FAA颁布了适用于所有B-737系列飞机的适航指令（AD）2006-13-13。这是一项于2006年7月7日生效后必须立即实施的规定。该AD要求60天内修订飞机飞行手册（AFM），告知飞行机组已改进的飞行前客舱增压系统设置程序，以及改进了的客舱高度报警和构型报警的区别和响应程序。

该AD专门修订了B-737系列飞机AFM中的"正常操作程序"，加入了"为了正常运行，增压模式选择开关应在起飞前设定在'自动'位"的规定。

2）当时尚未采取行动的安全建议

（1）针对EASA和JAA的安全建议。

① EASA和JAA应当要求所管辖所有航空公司修订客舱机组程序，以便当客舱因失压或压力不足导致氧气面罩脱落，且飞机仍继续爬升，或者未拉平或未开始下降时，乘务长（或最靠近驾驶舱的客舱机组人员）应当立即通知飞行机组氧气面罩脱落的情况，并确认飞行机组都戴上了氧气面罩。

② EASA和JAA应当要求飞机制造商除了现有的客舱高度声音报警外，在新制造的飞机上安装、在投入使用的飞机上加装客舱高度超过10000英尺时启动的视觉和/或声音警告。

（2）针对塞浦路斯共和国的安全建议。

塞浦路斯共和国应当提供所有必要的资源，支持已重组的塞浦路斯民航局，以便该机构可以在尽可能短的时间内配备更好的设施，来履行政府的航空安全监督职能和国际义务。

亚当航空公司 DHI574 航班空难

2007年1月1日,印度尼西亚亚当航空公司的一架737-4Q8飞机,登记号为PK-KKW,执行自东爪哇的泗水(Surabaya)飞往苏拉威西岛万鸦老(Manado)的DHI574定期航班任务,在飞行高度35000英尺时从雷达屏幕上消失,飞机坠海。机上102人,其中包括6名机组成员和96名乘客全部遇难。96名乘客中有85名成人、7名儿童和4名婴儿。乘客主要是印尼国民,唯一的外国人是一个美国的一家三口。

1. 事故叙述

2007年1月1日,亚当航空公司一架国籍登记号为PK-KKW的737-4Q8飞机执行DHI547航班任务,于协调世界时(UTC)5点59分,以仪表飞行规则从泗水的朱安达(Djuanda)机场起飞,预计于8点14分飞抵万鸦老。从泗水出发准备的燃油能够支持4.5h的飞行,机组所做飞行计划包含一个备降机场哥伦打洛(Gorontalo)。机长负责作为飞往万鸦老的把杆飞行员,副驾驶起监督、支持作用。

5点58分,亚当航空DHI547航班经过朱安达机场塔台的允许,进入28跑道等待。

6点,塔台指挥DHI547航班起飞后右转到FANDO航路点,并爬升至飞行高度层FL330。

6点05分,飞机飞越FL130并与管制中心在125.1频段上建立联系。

6点08分,泗水管制中心指挥飞机初始爬升至FL190。

6点10分,管制中心指挥DHI574航班在穿过FL220后与乌戎潘当(Ujung Pandang)管制中心以128.3频段联系。

6点10分,飞机飞过FL220并向FL330爬升,机长与乌戎潘当管制中心进行了第一次联系,下一报告点是KASOL航路点。

6点14分,飞机快要到达KASOL航路点前,乌戎潘当管制中心指挥机组沿航迹向DIOLA航路点飞行。

6点19分,副驾驶告知管制中心飞机已到达FL350,管制中心指挥飞机保持FL350高度,并在切入ENDOG航路点时进行报告。

6点29分,乌戎潘当管制中心发现DHI574航班向北偏离。

6点37分16.9秒,DHI574航班在航路点GUANO的北方,在望加锡(Makassar)(MKS)VOR导航台径向269°、175海里的位置,空管指挥权从乌戎潘当管制中心移交至乌戎潘当(UPG)低空管制。

6点37分21.6秒,UPG告知DHI574航班,雷达显示飞机在MKS西边192英里,保持FL350,方向朝向DIOLA航路点,副驾驶进行了确认。

在与UPG低空管制通话前的9min时间里,两名飞行员在讨论天气、惯性基准系统(IRS)等问题,包括两套IRS的差异,特别是导航和风速测量上的差异。

6点42分50.5秒,UPG低空管制员询问机组飞往DIOLA的航向是多少?机长告诉管制中心飞机向 DIOLA 飞行的航向是 046°,左侧有 74kn 的侧风。

6点54分8.3秒,UPG 指挥 DHI574 航班保持航向 070°飞往 DIOLA。

6点54分16秒,UPG 重复指令,DHI574 航班保持航向 070°。

6点54分24.2秒,机长对副驾驶说"风又正常了"。

6点55分58秒,根据机长指示,副驾驶询问 UPG 低空管制中心,请其通过雷达确认他们的位置。

6点56分4.3秒,管制员告知机组,DHI574 航班在 MKS VOR 导航台径向 307°、125 海里的位置。

6点56分15.7秒,驾驶舱话音记录器(CVR)记录显示,飞行员又开始谈论机载设备故障问题,包括电子飞行仪表系统(EFIS)和飞行管理系统(FMS),直到6点57分52.1秒。

6点58分,飞机在雷达屏幕上显示的雷达目标变为了飞行计划航迹,这意味着地面雷达没有接收到机上二次雷达回波。

飞机在雷达上出现的最后时间为6点58分,位置在东经118°13′,南纬03°55′,飞行高度35000英尺。

6点59分,UPG 低空管制人员换班。

7点09分,UPG 管制员试图联系 DHI574 航班,但未收到任何回音。

其后 UPG 低空管制一直试图联系 DHI574 航班,但未成功。管制员还要求其他飞机(如 GIA603、MAN8070 航班等)帮助其联系 DHI574 航班,也未能取得联系。UPG 低空管制员还电话联系了附近的帕卢(Palu)机场,询问亚当航空公司的飞机是否已经着陆,机场答复没有。

8点04分,UPG 低空管制通知搜寻援救(SAR)协调员称,他们与 DHI574 航班失去了联系。

8点15分,UPG 管制员宣布 DHI574 航班进入情况不明阶段。

9点08分,UPG 管制员宣布进入告警阶段。

9点24分,飞机确认失事。

事发后,印尼海、陆、空军,警方,搜救组织等多方力量在望加锡海峡附近,也就是飞机在雷达屏幕上最后出现的地方集中搜索飞机残骸。印尼方面出动了一架装有超声波探测器的军用飞机、多艘船只,以及两架遥控潜艇。新加坡空军向印尼政府提供了一架波音737-200 军用侦察机,两个装有红外线装备的福克50航空器,以及6架直升机协助搜寻。

1月10日,残骸在苏拉威西岛的帕雷帕雷(Pare-Pare)镇附近海域被搜寻到。1月21日,即出事后20天,飞机记录器上的定位信标信号被发现并定位,但记录器打捞工作因设备问题和打捞费支付问题而被延后。直到8月27日,飞机的数字飞行数据记录器(DFDR)和 CVR 才被陆续从海里打捞出来。

2. 事故调查

印尼运输部下属国家运输安全委员会(NTSC)随即展开了事故调查工作。整个事故调查工作主要围绕着 DFDR 和 CVR 数据的读取进行,这些数据记录了事故的整个过程,并在很大程度上揭示了事故的原因。在介绍记录器记录情况之前,先简要介绍一下事故调查中确认的其他情况。

人员伤亡情况。机上6名机组人员、96名乘客(85名成人、7名儿童和4名婴儿)全部遇难。

航空器损坏情况。由于飞机以高速且大坡度入水,导致飞机破碎,完全损毁。一些飞机残骸漂浮在海面上或被冲至附近海岸。没有迹象表明飞机在撞击入水前起火。

飞行机组人员情况。机长与副驾驶均持有有效的驾驶员执照,B-737系列飞机型别等级和多发仪表等级。没有任何证据表明两名飞行员身体不合格。另外,两名飞行员均符合印尼民航总局(DGCA)和亚当航空公司飞行和值勤限制。

航空器基本情况。飞机型号为B737-4Q8,登记号PK-KKW,1989年1月11日首次飞行,2006年12月20日取得印尼DGCA颁发的适航证,有效期至2007年1月29日。该事故飞机在服务亚当航空公司之前,曾在其他多家航空公司服役,总飞行时间为45371h,总起落架次为26725次;发动机工作时间:左发725133h,右发726404h。

维修情况。PK-KKW飞机的飞行日志(飞行员报告)及维修记录显示,在2006年10月—12月期间,飞机IRS曾反复出现问题,特别是左侧(1号)系统。在事故发生前3个月,问题发生次数共达154次。解决措施也只是重新安装,连接件清理,继电器更换等。

气象情况。在飞机失踪区域35000英尺高度上当时极可能有寒冷降水。事发时间段有西风,雷达最后显示点的洋流方向为向南方向。根据获得的信息来看,飞机失控期间的能见度可能是临界目视气象条件。

通信情况。根据记录信息显示,亚当航空公司DHI574航班与空中交通管制员的通信交流一直是正常的。没有证据表明飞行机组与管制员之间的通信联系影响了事故环境及飞行员的决策。

下面详细介绍事故调查过程中DFDR和CVR解码情况。

DFDR数据显示,飞机在350飞行高度层巡航阶段以马赫数为0.75的速度飞行并接通自动驾驶仪A。机组设定的自动驾驶仪模式是"航向选择"和"垂直导航"。在6点56分35秒,自动驾驶仪A由"垂直导航"模式改为"高度保持"模式。1号(左侧)IRS、1号(左侧)电子姿态显示仪(EADI)和备用姿态指引仪(ADI)是正常的。

CVR数据开始于6点28分30秒,记录的是飞行的最后30min。从CVR记录可知,在飞行过程中,依次响起了自动驾驶解除警告、坡度警告、高度偏差警告、超速警告等。CVR在6点59分44停止工作,大约是在飞机从9920英尺坠下的20s之后。

从CVR的舱音辨听信息可了解到,机长在6点29分44秒就开始意识到两套IRS存在的导航问题,特别是距离上的差异。在6点54分08秒,飞机沿航迹飞往DIOLA航路点,开始使用IRS参考数据来导航。飞行员们发现了跟踪/IRS读数问题并通过MKS VOR导航台确定位置,但是机组并未采用管制员提供的信息来核实IRS的读数。在导航设备出现问题时,飞行员们认为他们偏离了航迹并且有些糊涂,但并未求助于空管。

在6点56分,机长要求副驾驶调整IRS模式,但副驾驶因系统出现故障而操作失败,随后设置左侧IRS为"姿态"模式,并有自动驾驶仪脱开警告音出现。

从DFDR数据看,在事发过程中,至少有一套惯性基准组件(IRU)上的飞机姿态数据是有效的,其中包含俯仰及滚转等数据。记录数据的连续性也证明飞行中IRU这一数据来源并未改变。近地警告系统(GPWS)给出坡度警告,它仅从左侧IRU中获得姿态数据。

在飞行过程中,当飞机姿态呈右翼向下35°倾斜时,CVR记录到了坡度警告。这也表示左侧IRU是可用的并且为GPWS提供了姿态数据。

从DFDR数据看,飞机在FL350高度上巡航过程中自动驾驶仪接通。自动驾驶仪保持副翼操纵轮向左5°,以保持机翼水平。随着机组将2号(右侧)IRS模式选择器转换到"姿态"模式,在6点57分36秒,自动驾驶仪断开,驾驶盘归正,这就产生了一个缓慢的每秒1°的向右滚转。这样的滚转在6点57分45秒及6点58分由于驾驶盘操作得到抑制。但这样的操纵很短暂,飞机继续向右滚转。

6点58分10.6秒,当飞机姿态达到35°坡度时,出现了"BANK ANGLE(坡度),BANK ANGLE"的语音警告。但飞行员也只是进行了短暂的压右翼控制。

6点58分23秒,飞行员给了足够的驾驶盘控制(约15°)来修正滚转速度,但是随后飞机又继续开始右翼向下滚转。

随后飞行员开始拉起驾驶杆(抬升降舵),产生了约1.1g(重力加速度的1.1倍)的操纵力。当飞机向右滚转达到60°的坡度角时,飞行员开始持续拉杆,而飞机持续右转。6点58分23秒,飞机的俯仰角为向下5°。其后,飞机的俯仰变化率达到每秒2.3°向下转动。在6点58分50秒,俯仰姿态为-60°(机头向下)。随后俯仰率变为正值来修正机头向下的姿态。

CVR信息显示,由于IRU的问题,在最后的飞行中,至少有13min两名飞行员一直专注于解决IRS异常的问题,包括试图确定IRS的问题和其他一些对IRS和导航设备的纠正,因此几乎没有注意其他飞行要求,即使在6点58分10.6秒,坡度角警告响起时,机组也没有做出及时、有效的操纵来恢复对飞机的控制。

6点58分38秒,飞机达到了最大的坡度角——100°。与此同时,机组为了修正滚转率,在10°~20°间来回操纵驾驶盘,产生了约2g的操纵力,使飞机以每秒4°的速度向左滚转,以达到机翼水平。在这一过程中,使飞机抬头的升降舵操纵力超过了2g,抬头操纵在6点58分58秒伴随着42°的坡度产生了3g的操纵力,在6点59分04秒随32°坡度产生了3.5g的操纵力。同时,空速也超过最大运行极限马赫数(Mmo)0.82,接近最大俯冲马赫数(Mdive)0.89。

DFDR记录的最大马赫数是0.926,空速超过俯冲速度(Vdive)400kn校准空速,在最后阶段达到最大约490kn。记录数据还显示,从35008英尺下降到9920英尺仅用时75s,平均垂直速度是20070英尺/分钟。最大下降率是于6点58分48秒记录的53760英尺/分钟。在6点58分42秒到6点58分57秒这一时间段,平均下降率是46800英尺/分钟,在6点59分01秒到6点59分12秒是24576英尺/分钟。

在马赫数最大达到0.926时,载荷最终达到了3.5g,超过了飞机设计所能承受的载荷范围。按照美国联邦航空条例(FAR)25部333条规定的飞机结构设计机动包线,在俯冲速度下,要保持结构的完整性,要求施加的力在0g到2.5g之间。

DFDR数据显示,在6点59分06秒,飞行载荷由+3g~3.5g变为-2.8g,俯仰率从+4°/s变为-6°/s。当飞机速度达到马赫数为0.926且负载突然从+3.5g变为-2.8g时,CVR记录到了飞机出现的严重的气动结构失效的声音,即最后20s中出现的"砰、砰、砰"声,此时飞机已经处于一种无法恢复的严重状态。

最后记录的有效气压高度是9920英尺。之后DFDR还记录了一些其他的有效参数,直到在 9000 英尺高度时记录完全停止。

3. 事故分析

1）机载设备方面

调查人员发现，机上的惯性导航系统的问题一直存在。事故发生前的三个多月，这架国籍登记号为 PK–KKW 的飞机的飞行员们已经多次遇到过与飞机 IRS 相关的问题，问题大多数发生在左侧的这个 1 号系统。在那三个月期间，持续发生的故障次数总计为：10 月 55 次、11 月 50 次、12 月 49 次。虽然飞行员们多次反映此问题，可是亚当航空公司并没有采取有效措施，解决问题的主要维修手段为：重新安装、互换、接点清理、断路器更换。

2007 年 1 月 1 日，在飞机巡航在 35000 英尺高度期间，飞行员再次遇到了 IRS 异常的问题。因此，在巡航期间，机长和副驾驶专注于飞机 IRS 以及飞行和导航仪表的相关故障，并试图查找问题，而几乎没有注意其他飞行要求。

DFDR 数据表明，飞机巡航在 35000 英尺时自动驾驶仪是接通的。自动驾驶仪一直保持 5°左副翼以保持机翼水平。在机组将 2 号惯导切换至"姿态"模式后，导致了自动驾驶仪脱开。从"导航"模式切换到"姿态"模式，对于副驾驶的 EADI 的影响是，造成坡度指示、水平刻度、俯仰刻度和地平线显示丧失。此外，飞行航迹角、加速度、俯仰限制显示，以及空中交通防撞系统（TCAS）的决断咨询（RA）指令都消失了。

自动驾驶仪脱开后，驾驶盘（副翼）回到中立位，飞机开始慢慢向右滚转。尽管滚转率随即被控制了好几次，但是直到飞机达到 100°坡度角、俯仰角向下 60°时，飞行员才开始修复滚转姿态。那个时候，飞机已经加速超过了 Mmo 0.82，并到达 Mdive 0.89。超速警告在马赫数达到 0.82 时激活。在自动驾驶仪脱开，飞机超过 30°右坡度后，飞行员逐渐失去了空间方位感。调查人员分析认为，自动驾驶仪脱开导致了飞机的人工地平线短暂停止运作，造成飞行员未能及时发现飞机出现缓慢右转的情况。

DFDR 数据表明，在飞机达到 Mdive 0.89 后，飞行员开始使用小于 20°（副翼）的坡度角将飞机向机翼水平位置拉回。在这次滚转操作中，飞行员为拉动机头向上给升降舵施加的力超过两个 g。操纵力在马赫数达到最大的 0.926 时最终达到了 3.5g。3.5g 的力和马赫数超出了飞机设计所能承受的载荷限制。FAR25 部 333 条规定的结构设计机动包线中，在俯冲速度下，要保持结构的完整性，施加的力要求在 $0g$ ~2.5g 之间。

DFDR 记录的空速超过了 Vdive 400 节校准空速，并在记录结束之前几乎到达了 490 节校准空速。在大约 12000 英尺高度上，法向载荷因子突然快速地从 +3.5g 反转到 -2.8g。

波音公司分析表明：这次载荷因子的突然改变表明飞机已经发生了重大结构失效。495 节空速下 3.5g 的载荷已经远远超出了审定飞行机动操纵包线，并且已经在无颤振包线之外。

在飞行载荷发生突然反转的时候，CVR 最后 20s 记录的数据中有明显的"砰、砰、砰"声。这种"砰、砰、砰"声经过频谱分析后被证实和确定为典型的结构失效发出的声音，很可能是在突然的飞行载荷反转后机尾遭受了重大的结构失效。

2）飞行机组操作方面

很明显，飞行员没有预料到将 IRS 模式切换至"姿态"模式后自动驾驶仪会脱开。尽管一名飞行员在自动驾驶仪声音警告响起后关闭了声音，但是很明显，飞行员在自动驾驶仪脱开后没有采取正确行动,也没有对后续的坡度角和高度偏离告警做出响应。NTSC调查人员认为,自动驾驶仪脱开后,飞机以微小加速度滚转,但是飞行员可能没有感觉到这个微小的加速度,而是专注于IRS和导航仪表的故障诊断,试图查明原因并采取措施。没有证据表明,甚至在飞机向右滚转超过35°坡度,"坡度"告警响起时,他们正确操纵了飞机。

NTSC认为,机长和副驾驶在进行故障诊断时没有正确监视飞行仪表,并且忘记不断恶化的飞机状态。他们还忽略了许多警告和显示的变化。另外,也没有证据表明,两名飞行员对飞行仪表进行了交叉检查。

从大约6点58分40秒开始,飞机已经滚转至100°右坡度,接近60°向下的俯仰角。飞机不断下降、转弯和滚转。机组向后拉杆(提升升降舵)可能使情况恶化。此后,飞机继续向右滚转30°,向下俯仰44°,航向达到335°。之后就再也没有数据记录了。

波音公司分析表明:B737飞行机组训练手册提供了复杂状态改出的训练技术。……如果在飞机飞行包线内使用这些技术,是可以在相应的状况下(比如本次事故飞行中)完成预期的改出的。使用波音的工程模拟设备,在Mmo下通过先拉平机翼,再向上拉升降舵进行改出操作,模拟结果显示,在这种场景下飞机能够在最小超速情况下改出。

证据表明,当飞行员意识到事态紧急时,他们运用了不正确的操纵输入进行改出操作。波音的失控改出程序要求在拉升升降舵之前要将机翼滚转至水平。DFDR数据显示,机组没有遵守这套程序。

最后记录的有效气压高度数据点为9920英尺。DFDR在大约9000英尺完全停止工作前一直记录其他有效数据。很可能由于飞机机尾区域的结构失效导致了记录器相关电路切断,飞行记录器停止了正常工作。

飞行记录器分析专家证实,DFDR数据在9920英尺之前是有效的。波音专家指出,除了少量数据衰减,没有理由相信DFDR数据是无效的。空速精确性会随着空速逐渐接近和超过俯冲马赫数(0.89)而逐步降低。空速的这种误差会因每架飞机机身不同而有所差异。

3)其他方面

调查人员发现,飞机在失控之前的14min时已经进入了云层和不利天气当中,但是不能确定在失控时飞行员是否飞行在仪表气象条件下。有可能他们正处于临界目视飞行条件。

另外,DFDR中也记录了大风的数据,这和CVR数据中记录的机组讨论的大风,与IRS中的大速度误差是一致的。

考虑上述三方面的因素,调查组认为,飞机失事主要原因是机上的导航设备发生故障,导致其后飞行员一连串的判决失误。当飞机在35000英尺高度巡航时,飞行员开始专注于处理机上的IRS故障。由于该设备故障导致飞机偏离航道,因此机长解除了自动驾驶仪系统。但解除自动驾驶仪系统却导致飞机的人工地平线短暂停止运作,飞行员未能及时发现飞机缓慢右转,导致飞机坡度角过大,引起机上警报响起。尽管飞机处于坡度角达100°、机头朝下达60°的姿态,飞行员依然没有发现异样,因此没有及时修正机翼平衡及尝试重新控制飞机。飞行员未能及时发现飞机飞行姿态出现问题的原因,可能是他们专注于解决设备问题,而且当时天气恶劣,有暴风雨及雷暴,使飞行员没法通过观察机外环境去判断飞机当时的飞行姿态。这架飞机在通话中断时,向下俯冲的速度达到接近音速的490节,超过了飞机的最高俯冲速度(400kn)。最后飞机在CVR记录结束前20s,终于承受不了结构设计载荷上限,在坠海前解体。

这起事故的部分原因可能是飞行员没有,特别是在飞行最后2min内没有监视飞行仪表,并且没有足够快地监测到意外的下降以防止失控和冲击水面。过分专注于IRS明显的故障使得两个飞行员没有注意飞行仪表,从而没有注意到不断增加的下降和坡度角。证据表明,飞行员注意力过于集中而丧失了情景意识,从而在紧急飞行状态下失去了空间感觉。他们没有感觉到飞机姿态的变化。

4. 维修差错分析

1) 亚当航空公司的维修管理

在事故调查过程中NTSC调查人员发现,亚当航空公司在维修管理方面存在许多问题。

调查组查看了PK-KKW飞机的飞行日志(飞行员报告)及维修记录,其中显示,在2006年10月—12月期间,有154起重复故障直接或间接与飞机IRS有关,其中大部分是左侧(1号)系统。亚当航空公司B737机队有五件备用IRU,其中两个与PK-KKW机上的IRU是可互换的,购买替换件需要大约6个月的交货时间。亚当航空公司外包了其所有的重要修理工作,公司只具有执行航线维修检查的能力。因此,当问题反复出现时,亚当航空公司的解决手段非常有限,航线维护措施只限于重新安装,交换IRU位置及相关部件,重置断路器,以及清理连接件。没有证据表明亚当航空公司的维修单位根据B-737飞机的航空器维修手册要求,彻查了IRS系统以排除故障。也没有证据表明,在事故发生之前,亚当航空公司的维修管理层对反复出现的缺陷进行过控制,从而消除这些最终导致事故的缺陷。

调查期间,亚当航空公司称其会定期举行运行部门与维修工程部门之间的沟通会议,但是没有证据表明公司的管理层真正意识到了这些反复发生但未得以解决的问题的严重性,即便在经历了因严重的IRS系统问题导致的PK-KKE飞机的惨痛事故后。

反复发生的IRS问题造成了这样一种工作环境,即可以放任具有明显IRS故障的飞机持续运行。这种放任在飞行运行和维修工程的管理层中都很明显。

亚当航空公司的管理层也没有预料到有必要准备充足的备件以确保安全运行。管理层没有制订足够的向运行和维修人员提供训练大纲的安全政策。

事发后,亚当航空公司指派了专门小组,支持航线维修工程师解决反复发生的IRS问题,以及其他反复发生的适航维修问题。但至2007年11月,IRS的问题仍未得到解决。维修记录显示,机队中登记号分别为PK-KKC、KMD、KME、KKG、KKI、KKM、KKR、KKT和KKU的飞机依然存在IRS/IRU问题。例如,KKC在2007年10月记录有8个IRS/IRU问题,而在11月有19个IRS/IRU问题。KKE在2007年10月记录有6个IRS/IRU问题,2007年11月KMD记录有8个IRS/IRU问题,KKI有5个IRS/IRU问题。在2007年9月—11月期间,共有82个IRS/IRU方面的问题记录。

2) DGCA的维修监管

在事故发生之前,DGCA对亚当航空公司最近一次局方适航检查是在2006年12月1日,是由局方适航部门监察员进行的,其中包括了对PK-KKW飞机的检查。

在这次检查中，监察员列出了 21 项问题，其中有两项涉及 IRS。

第 11 项：下降阶段 1 号 IRS 显示为空白；

第 12 项：巡航和下降阶段 2 号 IRS 最多偏差 16 海里。

随后，DGCA 在 12 月 4 日致信亚当航空公司，提醒其注意这些问题，同时签发了 PK-KKW 飞机的适航证。

虽然 DGCA 向 NTSC 调查组提供了亚当航空公司有关 PK-KKW 飞机 2006 年 1 月—12 月的技术报告，但仍不能证明 DGCA 和亚当航空公司在 2006 年 12 月 4 日前已经采取了正确且充分的措施，来纠正多次重复发生的 IRS 问题。技术日志及维修记录显示，PK-KKW 飞机有极其多次反复发生的飞机 IRS 故障，其中大部分是左侧（1 号）系统。同时也没有证据表明在 2006 年 12 月之前，DGCA 积极敦促亚当航空公司针对其 B-737 机队其他飞机大量的惯性导航系统故障情况进行整改。

另外，亚当航空公司的持续适航维修大纲是由 DGCA 批准的，并且是由可靠性控制大纲支持的。但是可靠性控制大纲并不涉及部件可靠性。对于亚当航空公司可靠性控制大纲不能确保机队中飞机部件的适航有效性一事，没有证据表明 DGCA 了解这一情况。

亚当航空公司是一家廉价航空公司，他们注重追求经济利益，尽可能降低各方面的成本。对于这类廉价航空公司，DGCA 在适航维修方面却没有严格监管，造成公司维修工程部门未发挥其监督、管理作用，对机务维修工作疏于管理，对事故隐患——反复发生的设备故障情况采取容忍、放任的态度，致使隐患最终酿成了巨大的人间悲剧。

除了查清导致事故的原因以外，调查组在调查过程中还发现了其他一些问题。例如：6 点 58 分，飞机在雷达屏幕上显示的雷达目标变为了飞行计划航迹，这意味着地面雷达没有接收到机上二次雷达回波，应当立即引起空中交通管制人员的注意。但是直到 8 点 15 分，空中交通管制部门才宣布这架飞机处于情况不明阶段，而合理的时间应当是在 7 点 39 分。9 点 08 分宣布进入告警阶段的合理时间应当是在 8 点 09 分。

5. 安全建议

根据事故调查结果，NTSC 向 DGCA、亚当航空公司，以及运行 B-737 飞机的印尼其他航空公司，提出了涉及机务维修、飞行运行、空中交通管制等多方面的安全建议，以纠正已确认的安全漏洞。

1）针对 DGCA 提出的安全建议。

（1）如果 PK-KKW 飞机的维修状况是亚当航空公司机队维修状况的一个代表，考虑到亚当航空公司其他飞机的状况，应当对亚当航空公司机队立即进行广泛检查，以消除亚当航空公司飞行运行过程中的风险。

（2）全面检查亚当航空公司维修程序的充分性及执行情况。

（3）要求所有运营人检查其训练及运行程序，以保证飞行员在恶劣天气识别与规避方面得到适当地培训。当获知或预计有恶劣天气情况时，飞行员需严格遵循飞行程序进行规避。飞行员应能连续识别其所处位置，一旦偏离设定航迹应报告原因。

（4）要求所有运营人检查其训练及程序，确保飞行员进行了培训，能正确执行机上飞行管理系统的初始化。

（5）望加锡先进空中交通服务（MAATS）运行程序需通过 DGCA 批准。

（6）MAATS 人员应依据国际民航组织（ICAO）标准及雷达生产厂家程序进行培训。

（7）MAATS 应有足够的空中交通管制人员来满足运行要求。

（8）MAATS 每两到三个月需对每个空中交通管制人员在模拟机上进行复训。

（9）DGCA 应限定雷达校准期限。

（10）DGCA 应当复查用于控制的飞行计划航迹显示的使用。

（11）当雷达屏幕上的目标变为飞行计划航迹时，空中交通管制员应当进行再次确认。

（12）空中交通管制员在将飞机移交到另一扇区时应当重新确认飞机位置。

（13）MAATS 应当复查其雷达显示屏上代表自己管辖范围的使用颜色。

（14）立刻确认印尼全国范围内 B-737 机队 IRS 的适航性，以保证 IRS 问题不会再发生，这包括但不限于：

① 确保全印尼航空公司维修单位具有适当的程序来保证整套 IRS 的可使用性；

② 确保全印尼航空公司的维修工程师受到适当的培训，有能力确定整个 IRS 中的问题，而非简单地更换 IRU 及相关部件和清理连接部位；

（15）确保所有印尼航空公司在其初始及复训课程中包含下列内容：

① 飞机失控改出训练（包括地面理论和模拟机课）；

② 空间定向障碍及其影响。

2）针对亚当航空公司及其他运营 B-737 飞机的印尼航空公司的安全建议。

立即确认 B-737 机队 IRS 的适航性，以保证 IRS 问题不会再发生，这包括但不限于：

（1）确保公司维修单位具有适当的程序来保证整套 IRS 的可使用性；

（2）确保公司的维修工程师受到适当的培训，有能力确定整个 IRS 中的问题，而非简单地更换 IRU 及相关部件和清理连接部位。

3）针对 DGCA 及亚当航空公司的安全建议。

（1）DGCA 应保证航空公司运营人非常关注飞机 IRS 反复发生的问题，并尽全力解决飞机导航系统反复发生的问题。

（2）DGCA 应复查航空公司运营人的机组培训大纲，特别是关于飞机 IRS、导航系统不正常的部分。

4）针对亚当航空公司的安全建议。

（1）建议亚当航空审查初始训练和复训课程以保证包含下列内容：

① 飞机失控改出训练（包括地面理论和模拟机课）；

② 空间定向障碍及其影响。

（2）建议亚当航空公司审查驾驶舱机组训练的有效性，特别是机组资源管理、安全紧急系统以及包括快速检查单在内的标准操作程序的使用。

2008 年 3 月 17 日，NTSC 在最终报告中补充提出了下列建议：

① NTSC 建议印尼运输部审查相关法律和程序，以确保建立合适的打捞能力，保证航空事故发生后，水下航空器残骸恢复工作不被延误。特别是这些法律和程序应当确保满足 ICAO 附件 13 第 5.7 款中关于不延误飞行记录器恢复和读取的要求。

② 对相关空管部门的建议。

（a）对于在航空器预计到达时间的 30min 后无法建立通信，或航空器没有进场的情况，需要宣布进入"情况不明"阶段，表明对航空器或其乘客安全的关注。对于在航空器预计到达时间的60min后无法建立通信,或航空器没有进场,需要宣布进入"告警"阶段,表明对航空器或其乘客安全的担忧。

(b) NTSC建议相关空管部门审查其标准程序,以充分保证管制员明白雷达显示消失后积极辨识和评估航空器是否失事的替代方法。标准程序应当确保满足ICAO关于宣布进入"情况不明"和"告警"阶段的要求。

(3) 对亚当航空公司的建议。亚当航空公司应当审查其飞行机组训练的有效性,特别是与机组资源管理、与安全紧密相关系统,以及与包括快速检查单在内的标准操作程序的适当使用相关的训练的有效性。

参 考 文 献

[1] ATSB Transport Safety Report, Aviation Research and Analysis Report － AR－2008－055, An Overview of Human Factors in Aviation Maintenance, Alan Hobbs Ph. D. , December 2008.

[2] NTSB－AAR－79－17, Aircraft Accident Report－American Airlines, Inc. DC－10－10, N110AA. Chicago－O'Hare International Airport, Chicago, Illinois, May 25, 1979.

[3] Aircraft Accident Investigation Report, Japan Air Lines Co. , Ltd. Boeing 747 SR－100, JA8119 Gunma Prefecture, Japan August 12, 1985.

[4] NTSB－AAR－89/03, Aircraft Accident Report－Aloha Airlines, Flight 243, Boeing 737－200, N73711, Near Maui, Hawaii, April 28, 1988.

[5] Aircraft Accident Report 1/92, Air Accidents Investigation Branch, Department of Transport, Report on the accident to BAC 111, G－BJRT over Didcot, Oxfordshire, June 10 , 1990.

[6] NTSB/AAR－92/04, Aircrafi' Accident Report, Britt' Airways, INC. , d/b/a, Continental Express Flight 2574, In－Flight Structural Breakup, EMB120RT, N33701, EAGLE LAKE, TEXAS, September 11, 1991.

[7] NTSB/AAR－96/06, Aircraft Accident Report, In－Flight Loss of Propeller Blade, Forced Landing, And Collision With Terrain, Atlantic Southeast Airlines, Inc. , FLIGHT 529, EMBRAER EMB－120RT, N256AS, CARROLLTON, GEORGIA, August 21, 1995.

[8] NTSB/AAR－02/01, Aircraft Accident Report, Loss of Control and Impact with Pacific, Ocean Alaska Airlines Flight 261, McDonnell Douglas MD－83, N963AS, About 2. 7 Miles North of Anacapa Island, California, January 31, 2000.

[9] 22/ACCID/GPIAA/2001, Accident Investigation Final Report, All Engines－out Landing Due to Fuel Exhaustion, Air Transat, Airbus A330－243 marks C－GITS Lajes, Azores, Portugal, August 24, 2001.

[10] 飞航事故调查报告 ASC－AOR－05－02－001.

[11] NTSB/AAR－04/01, Aircraft Accident Report, Loss of Pitch Control During Takeoff, Air Midwest Flight 5481, Raytheon (Beechcraft) 1900D, N233YV, Charlotte, North Carolina, January 8, 2003.

[12] Hellenic Republic, Ministry of Transport & Communications, Air Accident Investigation & Aviation Safety Board (Aaiasb), Aircraft Accident Report, Helios Airways Flight Hcy522, BOEING 737－31S, AT GRAMMATIKO, HELLAS, ON 14 August 2005.

[13] Aircraft Accident Investigation Report, KNKT/07. 01/08. 01. 36, BOEING 737－4Q8, PK－KKW, Makassar Strait, Sulawesi, Republic of Indonesia, January 1, 2007.